高等学校"十二五"规划教材·计算机软件工程系列

互联网+移动学习理论与实践

魏洪伟　张　丹　王　博　编　著

哈尔滨工业大学出版社

内容简介

本书详细阐述了移动学习研究的理论基础及开发移动学习系统平台的关键技术，提出了完整的开发模型，并通过实例介绍了移动学习系统的设计及开发方法，为移动学习系统的构建提供了有效的科研参考。

本书可作为计算机专业研究生及本科生的教材，也可作为相关方向研究人员及广大计算机教育工作者的参考书。

图书在版编目(CIP)数据

互联网＋移动学习理论与实践/魏洪伟，张丹，王博编著. —哈尔滨：哈尔滨工业大学出版社，2016.1
　　ISBN 978－7－5603－5711－9

　　Ⅰ.①互… Ⅱ.①魏… ②张… ③王… Ⅲ.①学习系统－研究 Ⅳ.①TP273

中国版本图书馆 CIP 数据核字(2015)第 274628 号

策划编辑	王桂芝
责任编辑	李广鑫
出版发行	哈尔滨工业大学出版社
社　　址	哈尔滨市南岗区复华四道街 10 号　邮编 150006
传　　真	0451－86414749
网　　址	http://hitpress.hit.edu.cn
印　　刷	哈尔滨市工大节能印刷厂
开　　本	880mm×1230mm　1/32　印张 4.625　字数 124 千字
版　　次	2016 年 1 月第 1 版　2016 年 1 月第 1 次印刷
书　　号	ISBN 978－7－5603－5711－9
定　　价	22.00 元

（如因印装质量问题影响阅读，我社负责调换）

前　　言

在 2015 年召开的第十二届全国人民代表大会上,李克强总理多次提及推动互联网产业的发展,制订"互联网+"行动计划,支持发展移动互联网。这预示着移动学习的发展迎来了又一个春天。

移动学习是指依托目前比较成熟的无线移动网络、国际互联网及多媒体技术,学习者能够随时随地使用移动设备(如智能手机、平板电脑、无线上网的便携式计算机等),通过移动教学服务器,更为方便灵活地实现交互式学习。

本书详细阐述了移动学习研究的理论基础及开发移动学习系统的关键技术,提出了完整的开发模型,并通过实例介绍了移动学习系统的设计及开发方法,为移动学习系统的构建提供了有效的科研参考。

本书共 7 章,第 1,2,3,7 章由魏洪伟撰写,第 5 章由张丹撰写,第 4,6 章由王博撰写。感谢王建华、李晶、张珑老师和韩苹、鞠雪琦等同学为本书所做的编码及排版工作。

由于作者水平有限,书中难免存在疏漏及不妥之处,殷切希望广大读者批评指正,以便不断改善。

编　者

2015 年 7 月

目 录

第 1 编 移动学习理论

第 1 章 移动学习概述 ··· 3
1.1 移动学习的产生 ··· 3
1.2 移动学习的定义 ··· 5
1.3 移动学习的特点 ··· 7
1.4 移动学习与其他学习方式的比较 ··· 8

第 2 章 移动学习的理论基础 ··· 14
2.1 支持移动学习的基本理论 ··· 14
2.2 国内外移动学习的发展现状 ··· 18

第 3 章 移动学习体系结构及模式 ··· 23
3.1 移动学习的体系结构 ··· 23
3.2 移动学习的主要模式 ··· 27

第 2 编 移动学习系统的开发技术

第 4 章 基于短消息的移动学习 ··· 33
4.1 短消息服务简介 ··· 33
4.2 基于串口通信的短消息技术 ··· 37

第 5 章 基于 Android 的移动学习 ··· 62
5.1 Android 的技术优势 ··· 62
5.2 基于 Android 的移动学习系统平台 ··· 63

第3编 移动学习系统的设计与实现

第6章 基于短消息的移动学习系统的设计与实现 ……… 67
6.1 基于短消息的移动学习系统设计的原则及目标 ……… 67
6.2 基于短消息移动学习系统的功能模块设计 ……… 69
6.3 学生空间的功能模块设计 ……… 70
6.4 教师空间的功能模块设计 ……… 71
6.5 管理员空间的功能模块设计 ……… 72
6.6 学生短消息指令设计 ……… 73
6.7 系统数据库设计 ……… 74
6.8 系统的开发环境 ……… 77
6.9 系统实现的关键算法和程序 ……… 78

第7章 基于 Android 的移动学习系统的设计与实现 ……… 104
7.1 系统体系结构 ……… 104
7.2 基于 Andriod 的移动学习系统的实现 ……… 108

参考文献 ……… 134
名词索引 ……… 137

第 1 编

移动学习理论

第1章

수로 민감성 분석

第1章 移动学习概述

1.1 移动学习的产生

信息时代,新知识、新事物大量涌现,不断影响和改变着人们的生活。为了跟上时代的脚步,人们必须不断地学习,终身学习成为多数人必须面对的问题。而面对工作生活的诸多问题,让已经步出校门的人再走回传统课堂实属不易,人们希望能够利用空闲时间随时随地进行学习。为了实现学习的"Anyone, Anytime, Anywhere, Anystyle"(4A),一种基于移动通信和互联网的全新学习方式应运而生,我们称之为移动学习(Mobile Education 或 Mobile E-learning)。

在 2015 年召开的第十二届全国人民代表大会上,李克强总理多次提及推动互联网产业的发展,制订"互联网+"行动计划,支持发展移动互联网。这预示着移动学习迎来了又一个春天。在未来若干年内,教育将从学校走向家庭,走向社区,走向信息技术能够普及到的任何地方。互联网技术将使人们摆脱地点的束缚,无线技术将使人们进一步获得"无限"的自由,教育也会成为没有围墙的学校,网络化学习将成为人们日常生活的有机组成部分,移动学习将成为一种重要的学习方式。

移动学习是指依托目前比较成熟的无线移动网络、国际互联网以及多媒体技术,学习者能够随时随地使用移动设备(如智能手机、平板电脑、无线上网的便携式计算机等),通过移动教学服务器,能够更为方便灵活地实现交互式学习。移动学习作为网络教育的扩展,有其自身的特色和优势,能更好地满足不同学习者的学习需求。

移动学习是移动通信技术、网络技术等信息技术发展的必然结果,是适应社会发展、适合教育规律的。

1. 移动学习是移动计算技术发展的必然结果

移动学习是网络教育在移动计算环境下的必然选择,是网络教育的延伸,是既符合网络教育理论,又具有特殊性、适应教育规律的新的教育模式。

2. 移动学习更能适应探究学习的需要

移动学习使学习者能够在遇到问题的时候,通过移动网络对该问题进行探讨,寻找解决问题的方法,从而达到学习知识的目的,进一步提高学习的主动性、积极性、创造性,提高学习效率。

移动学习更能满足终身学习的需要。现代社会实践中,学习的重心已明显地从"储备性学习"向"终身学习"转移。当今社会,人们生活节奏快,空闲时间少,很难回到学校去学习,移动学习恰好可以帮助人们利用"碎片化时间"进行终身学习。

移动学习更能适应学习资源的需求。从每个人的成长经历来看,人人都有一个终身学习的过程,学习的资源包括学校的教师和图书馆资源、公开销售的图书和杂志资源、广播电视和广告资源、他人的知识和经验资源、个人阅历和经验资源,以及网络资源。而一般的终身学习仅把学习资源局限在学校资源,这大大限制了学习的范畴。在网络时代,网络资源比学校资源更为丰富,将成为重要的学习资源之一。

移动学习更能满足接受学习的需要。人接受知识的数量是有限的,在遇到问题时,马上进行接受学习的效果要比传统教育的效果好。

移动学习更能满足自主学习的需要。学习者可以通过移动网络自主选择学习的时间、地点、内容、进度等,可以完全按自助模式学习,可以更好地满足学习者的个性化需要,得到个性化的教育服务。

移动学习更能实现教育的普及功能。教育具有普及功能,任何人都有享受教育的权利,我国教育正进入普及阶段,但是由于教育资源的短缺,我国教育特别是高等教育长期实行分配制度,只有少数能够通过高考选拔的人才能接受到高等教育。在移动计算时代,随着移动终端的普及,任何人只要通过移动终端就可以接受教育,从而更好地实现教育的普及。

3. 移动学习具有充分的技术基础和物质基础

随着信息技术的发展,特别是移动通信技术、网络技术、移动数据库技术、各种移动计算技术、移动计算的软件和硬件技术的发展为移动学习奠定了技术基础。各种移动因特网、移动运营平台和移动服务为移动学习奠定了运行基础。各种移动终端的出现,为用户提供了充分的选择,移动终端设备价格不断下降,使得移动用户增长迅速,用户群日趋庞大,移动计算成为普及计算,这些为移动学习奠定了物质基础。

1.2 移动学习的定义

1.2.1 关于移动学习的定义

目前对移动学习还没有统一的、确定的定义,欧洲和美国一般以Mobile learning(简称M-learning)或Mobile education(简称M-education)来指称,我国一般表述为移动学习。下面,列举世界范围内的一些专家学者对移动学习给出的定义:

(1)由Ericsson、Insite、Telenor Mobil与IT Fornebu Knowation联合发起的名为"Telenor WAP移动学习"研究项目的研究报告中给出的移动学习给出的定义是:由于人们地理空间流动性和弹性学习需求的增加而使用移动终端设备进行学习的一种新型学习方式。

(2)Knowledge Planet公司认知系统部主任Clark Quinn从技术的角度对移动学习给出的定义是:移动学习是移动计算与数字化学习的结合,它包括随时、随地的学习资源,强大的搜索能力,丰富的交互性,对有效学习的强力支持和基于绩效的评价。它是通过诸如掌上电脑、个人数字助理或移动电话等信息设备所进行的数字化学习。

（3）Paul Harris 对移动学习给出的定义是：移动学习是移动计算技术和 E-learning 的交点，它能够为学习者带来一种随时随地学习的体验。他认为，移动学习应该能够使学习者通过移动电话或 PDA 随时随地享受一个受教育的片断，并且在这个过程中，往往更多使用的是 PDA 设备。

（4）Chabra 和 Figueiredo 结合了远程教育的思想，对移动学习做了一个较宽泛的定义：移动学习就是能够使用任何设备，在任何时间、任何地点接受学习。

（5）Alexzander Dye 等人在题为 *Mobile Education—a glance at the future* 的文章中做了一个较具体的定义：移动学习是一种在移动计算设备的帮助下能够在任何时间、任何地点发生的学习，移动学习所使用的移动计算设备必须能够有效地呈现学习内容并且提供教师与学习者之间的双向交流。

（6）雷根斯堡大学的 Franz Lehner 和 Holger Nosekahel 认为，"任何为学习者提供广泛的数字化信息和学习内容，有助于学习者任何时间、任何地点的知识获得的服务机构和部门都属于移动学习范畴。"

（7）北京大学现代教育技术中心移动学习实验室崔光佐教授对移动学习的定义是：移动学习是指依托目前比较成熟的无线移动网络、国际互联网以及多媒体技术，学生和教师通过使用移动设备（如手机）来更为方便灵活地实现交互式教学活动。

（8）全国高等学校教育技术协作委员会对移动学习给出的定义是：移动学习是指依托目前比较成熟的无线移动网络、国际互联网，以及多媒体技术，学生和教师通过利用目前较为普遍使用的无线设备（如手机、PDA、笔记本电脑等）来更为方便灵活地实现交互式教学活动，以及教育、科技方面的信息交流。

1.2.2 移动学习的内涵

综合上述专家学者对移动学习所给出的定义，我们可以从以下几个方面来理解移动学习的内涵：

首先，移动学习在形式上是移动的，即学习者不再受时间、空间和有线网络的限制，可以随时随地进行不同需求、不同方式的学习。学习环境是移动的，学习资源和学习者也是移动的。

其次，移动学习在内容上是互动的。移动学习的技术基础是移动计算技术和互联网技术，教育信息、教育资源与教育服务的传输都是依据这些技术来实现双向交流。只有这种双向交流的模式才能使"移动"更有意义，才能更充分地体现移动学习的优越性。

最后，移动学习在实现方式上是数字的。移动学习是基于无线移动设备（如移动电话、平板电脑、PDA、笔记本电脑等）进行的数字化学习，它是在数字化学习的基础上发展起来的，是远程学习发展的一个新阶段。

1.3 移动学习的特点

移动学习的基本特点是移动性和及时性。主要特点有以下几方面：

1. 移动性

学习者可以在任何地点进行学习，学习者可以不受传统教学和一般网络教学的空间限制，可以在步行中、行驶的汽车上、轮船上或飞机上进行学习。学习者同样可以不受时间的限制，在任何空余时间进行学习，而不必像传统课堂一样必须在固定时间学习，因此可以高效地利用"碎片化时间"进行学习。

2. 及时性

由于在移动计算环境下，学习时间和空间不受限制，学习者可以在需要某些知识（不用花太长时间学习的知识）的时候马上学习，因此移动学习又可称为及时学习。教师也可以通过移动因特网，借助移动终端及时进行辅导。

3. 网络性

移动学习是基于移动计算的网络教育，以移动因特网为平台，通过移动终端接入实现网络教学。因此移动学习是一种网络教育,但又有其特殊性,是网络教育的扩展。

4. 跨时空性

学习者可以在任何时间和地点进行学习,教师也可以在任何时间和地点进行教学,可以将自己最新的教学资料传到网上,随时对教学资源库进行修改更新。

5. 虚拟性

教师可以通过网络动态地组建虚拟学校、虚拟教师队伍,学生可以动态地组建虚拟班级。教师和学生的教学关系也可以是动态虚拟的。

6. 普及性

移动计算是普及计算,移动终端的大量涌现和普及为移动学习的普及打下了坚实的基础,任何持有移动终端的人都可以成为移动学习中的学习者和教育者,即使在偏远山区的人也可以通过移动终端进行学习,从而使得教育得到普及,具有广泛性。

7. 个性化

移动学习可以根据学习者的特点和要求进行专有的、个性化的教育服务,更好地实现自助学习。

1.4 移动学习与其他学习方式的比较

1.4.1 接触学习

接触学习是较传统的学习方式,其特点是师生进行面对面的交流。传统的课堂教学方式属于典型的接触学习,教师以面对面的方式向学生传授知识,学生按照教师的安排完成学习任务。这种学习方式较直观,益于学生接受知识,也益于教师针对学生对知识的掌握情况有的放矢地进行教学。但在接触学习方式下,教师必须根据大多数学生的情况安排教学进度及内容,很难照顾到个别学生的情况,难以做到因材施教。因此,接触学习难以达到个性化学习的要求。同时,接触学习缺乏时间和空间上的灵活性,很难满足学习时间和地点不固定的学生的学习要求。于是,远程学习应运而生。

1.4.2 远程学习

19世纪中期,北欧和北美发生的工业革命带来的巨大技术进步,引发了 D-learning(远程学习)。特别是由于交通和通信技术的发展,使远程学习这种教育形态在人类历史上第一次成为可能。

远程学习强调在远程教育中学生一方的学习活动和行为。远程学习的魅力在于当师生在时空上分离时,仍能使教育过程顺利进行。远程教育的发展经历了4代,产生了4种变化,应用了3种学习方式,如图1.1所示。其中 D-learning 指远程学习,E-learning 指数字化学习,M-learning 指移动学习。

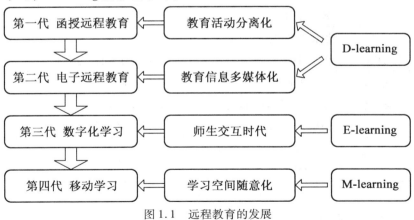

图 1.1 远程教育的发展

随着人类社会的发展和不断进步,人们知识更新的周期也越来越短。传统的面对面教育方式在满足不同地点和不同学习时间人们的需要方面已经明显力不从心,在这种情况下,远程教育应运而生。

远程教育也称为远距离教育,顾名思义,是指师生凭借各种媒体所进行的非面对面的、远距离的教育。

远程教育对传统教育有着重大的影响,主要体现在以下 4 个方面:

(1)教育方式的变更使优秀教师的成果可以被高度共享,每个人都有机会方便地获得学习资源,个别化学习会更好地得到确立。

(2)教育空间观念的变革。教育可以跨越地区和国界,学生可在家里或工作单位学习。

(3)学习效率大大提高。采用多媒体的交互式教学,把远程的师生连接在一起,节省了到达固定学习场所的时间,提高了学习效率。

(4)教师职能的转变。从"教"(传道、授业、解惑)到"导"(指导、教导、引导)的转变,以学生、自学为主体,以教师为主导。传统教学与信息化教学特征对照表见表 1.1。

表 1.1 传统教学与信息化教学特征对照表

比较对象	传统教学	信息化教学
教学策略	教师导向	学生探索
讲授方式	说教性的讲授	交互性指导
学习内容	单学科的独立模块	带逼真任务的多学科延伸模块
作业方式	个体作业	协同作业
教师角色	教师作为知识的施与者	教师作为帮助者
分组方式	同质分组(按能力)	异质分组
评估方式	针对事实性知识和离散技能的评估	基于绩效的评估

由于 Internet 具有影响广泛性、信息传递方便快捷性、近乎实时的交互性、信息资源全球性等优点,使得利用 Internet 成为现代远程教育的新型手段,更好地解决了远程教育中的空间和时间的问题、师生的交互问题等。因此近年来,现代远程教育越来越多地使用基于 Web 的技术,远程教育得到了迅速的普及。在基础教育方面,近年来

各地自发地涌现出一大批中小学教育网络学校;在高等教育方面,教育部已经批准 45 所重点高校进行网络远程教育的试点工作,占我国高校总数的 4.5%。网络教育在时、空上的独特优势,决定了它可以迅速实现大规模招生,实现向"大众化教育"转变。在成人教育方面,我国各地原有的远程教育系统正在向网络转移,形成多种媒体共存的新格局。另外,如何利用远程教育来促进我国西部高等教育的发展,正在成为人们关注的热点话题,大力发展现代远程教育,对于促进我国教育的发展和建立终身教育体系、实现教育的跨越式发展,具有重大的现实意义。

1.4.3 多种学习方式的比较

接触学习、远程学习、传统函授学习、数字化学习、在线学习、移动学习之间的关系如图 1.2 所示。

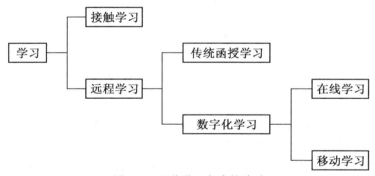

图 1.2 几种学习方式的关系

接触学习是较传统的学习方式,虽然直观性强,但缺乏时间和空间上的灵活性,很难满足学习时间和地点难以固定的学生的学习要求。

早期的远程学习以函授学习为主,采用的主要学习手段是印刷材料、磁带等,虽然解决了师生分离的问题,但缺少师生交互。

E-learning(数字化学习)是通过因特网或其他数字化内容进行教与学的活动,充分利用现代信息技术所提供的、具有全新沟通机制与丰富资源的学习环境,实现一种全新的学习方式,建构主义和人本主义是其理论基础。如图 1.3 所示,E-learning 的主要特点是:时间的终身化、空间的网格化、主体的个性化、内容的整合化和交往的平等化等。

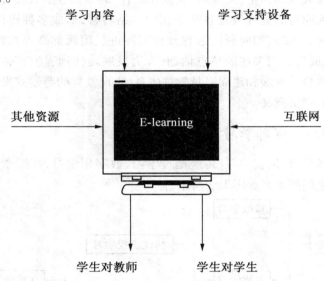

图 1.3　有线虚拟学习环境

移动学习的出现,使学习更加灵活、高效,学习者不受时空的限制,可以随时随地以任何节奏进行学习。在移动学习方式下,学习环境是移动的,教师、技术人员和学生都是移动的,如图 1.4 所示。

D-learning(远程学习)以单向传输为主,不受时间限制,但缺乏交流与互动;E-learning 利用计算机与其他辅助教学系统,增强了交流与互动;M-Learning 基于互联网,使实现真正意义上的移动学习成为可能。国际远程教育权威基更博士在 *The Future of Learning*: *from E-Learning to M-Learning* 中指出:"这 3 种不同的学习方式相互并不矛盾。随着移动时代的不断临近,D-learning 和 E-learning 将持续并存。展望 21 世纪,学习者将有更多的学习方式可以选择和运用。"

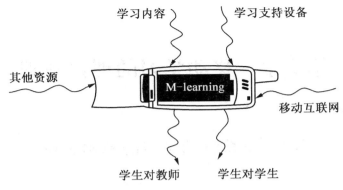

图1.4 无线虚拟学习环境

第2章 移动学习的理论基础

2.1 支持移动学习的基本理论

移动学习是宽带移动多媒体通信技术在教育中的具体应用,移动学习的实践必须有新型学习理论来做指导。一般认为移动学习的基本理论主要有5种理论,分别是非正式学习理论、情境认知与学习理论、境脉学习理论、活动学习理论和经验学习理论。下面,我们就分别介绍这些理论,并且分析它们对移动学习系统设计和开发的启示。

1. 非正式学习理论

非正式学习(Informal Learning)是一种隐含式的学习,源于直接的交互活动及来自伙伴和教师的丰富的暗示信息,这些暗示信息远远超出了明确讲授的内容(Ewell,1997)。斯坦福大学荣誉校长约翰·斯通出席"2002年北京中外大学校长论坛"在接受媒体采访时指出,学生在大学期间50%以上的知识与技能是从伙伴或同学那里学到的,而不是从课堂或老师那里学到的。因此,正规学习不再构成学习的主体,非正式学习成为学习的重要部分。

非正式学习强调学习的泛在性,认为人际通信交流的本质就是学习。非正式学习几乎存在于生活的每时每刻,比如你跟朋友闲聊、逛街,与公司里同事进行交流等,这些都可以看作是非正式学习的机会。目前,大多数的培训机构是以一种正式学习的形式来进行的。但事实上,普遍认为有80%的学习是以非正式形式进行的。不过,非正式学习相对于正式学习而言,对学习者自主/主动能力、学习应变能力、知识管理能力、个人人际品质要求和感悟能力提出了更高的要求。

非正式学习理论为移动学习的可行性提供了理论依据。学习既具有个体性特点(思考、阅读等),也具有社会性特点(听讲座、讨论等)。基于阅读和思考等个体性学习活动所获得的知识深刻且带有一定的倾向性(个人感兴趣的),但花费时间较多,需要一定的毅力;而基于听讲座、讨论和社会交往等社会性学习活动所获得的知识广泛且不深入,但花费时间较少,不需要太大的毅力。因此,在进行移动学习设计时,根据非正式学习的特点,为学习者创设协作交流的环境,并鼓励他们参与讨论交流,达到获取知识的目的。

2. 情境认知与学习理论

20世纪90年代以来,情境认知与学习理论(Situated Cognition and Learning)依赖其深刻广泛的理论基础,超越了传统的、基于心理学的情境观,并从人类学、批判理论、生态学与政治学等相关学科的研究中反思自身的发展,进而成为20世纪90年代学习理论领域研究的主流(王文静,2002)。情境认知与学习作为一种能够提供有意义学习并促进知识向真实生活情境转化的重要学习理论,有着丰富的内容和鲜明的特征。

情境认知强调将知识视作工具,并试图通过实践中的活动和社会性互动促进学生的文化适应。情境学习则认为知识是基于社会情境的一种活动,而不是一个抽象的对象;知识是个体与环境交互过程中建构的一种交互状态,不是事实;知识是一种人类协调一系列行为,去适应动态变化发展的环境能力。

情境认知与学习理论强调外部学习环境对于学习的重要意义,认为只有当学习被镶嵌在运用该知识的情境中时,有意义学习才有可能发生。因此,在教学中要提供真实或逼真的情境与活动,以反映知识在真实生活中的应用方式,为理解和经验的互动创造机会;提供接近专家以及对其工作过程进行观察与模拟的机会,在学习的关键时刻应为学习者提供必要的指导与搭建"脚手架",重视隐性知识的学习,为学生建构学习模式,搭建抛锚式学习的支架,发展学生的自信心。

对于自然科学知识的学习,情境认知与学习理论主张学习者走进大自然,进行野外考察;对于社会科学知识的学习,则主张学习者走进社会,进行调查研究与访谈。但是,野外考察、调查研究与访谈等学习活动难以组织,成本较高,在一般的学校教育中开展得较少;另一方面,在学生走进大自然或社会进行考察、调查研究等学习活动时,知识的获取变得困难,这大大影响了学习质量。

目前,移动通信技术的迅速发展使得随时随地获取任何知识成为可能,将极大地提高学习活动的质量。因此,移动学习为情境认知与学习理论提供了技术支持,情境认知与学习理论则为移动学习提供了理论基础。在移动学习系统设计时,应当多为学习者提供真实情境的学习环境,让学习者将学习与现实生活结合起来,以提高知识迁移和解决实际问题的能力。

3. 境脉学习理论

境脉学习理论(Contextual Learning)认为,学习者自身原有的记忆、经验、动机和反应构成了一个完整的内部世界,学习者在处理新的信息或知识时,与其内部世界发生意义,这便是学习。境脉学习理论假定,大脑本能地在境脉(Context)中搜寻意义,即在学习者所处环境中搜寻所处理的新信息或新知识与其内部世界之间发生意义或看似有用的关系(Hull,1993)。境脉学习理论强调学习者内部世界对于学习的重要性,重视对学习者现有知识结构、学习动机、学习兴趣的分析。

在传统学校教育中,学习者和教师能显著认识到学习者在学习动机、学习兴趣方面的差异,但对于学习者在知识结构和学习习惯等方面的差异性则重视不够。而在移动学习中,能很方便地记录学生所访问过的学习网站、阅读过的学习内容,从而分析和总结出学习者的知识结构与学习习惯。因此,移动学习为境脉学习理论在教学中的应用提供了技术基础,而境脉学习理论为移动学习的开展提供了理论基础。

4. 活动学习理论

活动学习(Action Learning)是指在实践活动中的学习,即以问题为中心组成学习团队,在外部专家与团队成员之间的相互帮助下,通过主动学习、不断质疑、分享经验,使问题得到解决。活动理论是活动学习理论的主要思想来源。活动理论认为,自觉的学习和活动是完全相互作用和彼此依赖的(我们不可能不假思索地行动,也不可能有缺乏行动的思索)。学习不是简单传输的过程,也不是直接接受的过程。学习需要有意图的、积极的、自觉的、建构的实践,包括互动的意图、行动、反思活动(Jonassen,2000)。

活动学习的效果主要取决于问题的界定、活动的设计与组织,以及学习团队成员之间的分工协作。但是,在学习活动进行之中,学习者能否随时随地方便地获取需要的知识与信息,是活动学习能否成功的一个关键因素。因而,移动学习为活动学习的开展提供了技术基础,可以让学习者充分发挥活动学习的优势,优化活动学习的效果。同时,在移动学习系统中,关于活动的设计也是我们应该考虑的问题。

5. 经验学习理论

考博(Kolb,1984)的经验学习理论认为,学习中的自主性就是独立和相互依赖,并提出学习的4步骤循环的观点。他认为,学习是由抽象概念(Abstract Conceptualisation)、活动实验(Active Experimentation)、具体经验(Concrete Experience)、反思观察(Reflective Observation)4个阶段构成的循环往复的过程。莱思(Race,1994)进一步把考博的4步骤简化为思考、活动、反馈、理解。

经验学习理论强调抽象思考、实践活动、形成经验与反思观察的重要性,并指出4个部分互动螺旋式上升是有效学习的基本特征。在抽象思考与实践活动中,都需要大量的知识与信息作为基础,否则,思考将变成胡思乱想,实践也会成为一种脱离了知识与科学的蛮干。利用移动学习技术,在抽象思考与实践活动过程中方便、及时地获取所需的知识与信息,将极大地调动学习者的积极性,提高学习效果。

上述理论有一些共性,即强调学习环境、学习资源、概念建构、活动、经验及通信与交流。这表明,学习理论明显地从传输及行为主义范式转向建构主义和社会认知范式,将主动的学习者置于学习活动的中心(Josie Taylor,2002)。社会认知学习理论认为,学习发生在一定的社会境脉中,概念的建构与重构并不仅仅发生在个人层次上,协作式小组工作及与伙伴的交互活动将更有助于学习者概念形成及认知图式的建构(Rogers,2002)。因此,学习不仅是学习者掌握学习内容的过程,本质上,学习更是一种通信交流的过程。

2.2　国内外移动学习的发展现状

2.2.1　国外研究现状及成果

移动学习在国外的早期研究主要集中在欧洲和北美部分经济发达国家。移动学习从研究目的来分主要有两类:一类是由教育机构发起,他们立足于学校教育,试图通过新技术来改善教学和管理;另一类则由移动学习提供商发起,他们力求借鉴 E-learning 的经验,把移动学习推向市场,更多地用于企业培训。

1. From E-learning to M-learning

国际远程教育专家戴斯蒙德·基更(Desmond Keegan)博士主持了欧盟的达·芬奇研究计划中一个名为"从数字化学习到移动学习"的项目,并出版著作《学习的未来:从数字化学习到移动学习》(*The Future of Learning : from E-learning to M-learning*)详细介绍了该项目的研究成果。该项目由爱立信教育、挪威 NKI 远程教育机构、德国开放大学、爱尔兰国际远程教育机构和罗马第三开放大学合作研究,旨在为移动技术设计一种虚拟的学习环境,并提出学习环境模型。

2. MOBIlearn

欧盟《数字化欧洲行动研究计划》(*E-Europe Action Plan*)中特别开展了一项名为"MOBIlearn 行动"的移动学习专项研究计划,研究自 2002 年 7 月 1 日开始至 2004 年 12 月 31 日完成,参与合作研究的有来自欧洲的 9 个国家以及非欧盟的美国、以色列、瑞士和澳大利亚。其主要研究目的为:

(1)从理论上和实践上定义两个模式:在移动环境中开展有效学习、教学与辅导;为移动学习进行教学设计和数字化学习内容开发。

(2)开发能够吸引世界各国应用者的移动学习体系。

(3)为在欧盟范围内移动学习的成功,开发一种商业模式并实施相关策略。

(4)能促使欧洲范围内对移动学习感兴趣的所有组织大规模使用该项目。

为了达成这些目标,项目的各项工作根据项目的执行周期被逻辑地分成了 13 个工作包,分给不同的大学、研究机构进行深入研究。

3. M-learning

该研究项目由英国学习与技能发展处(ISDA)以及意大利、瑞典的一些大学和公司联合开展,自 2001 年 10 月 1 日开始至 2004 年 9 月 30 日完成,旨在开发一个原型产品,通过欧盟各国的许多年轻人已经拥有的便携式移动设备来为其提供信息与学习内容。该项目是为那些不能参加教育和培训的 16~24 岁的年轻人开发和设计的,用来帮助他们完成终身学习目标,学习的主题主要集中于年轻人感兴趣的内容(如足球、音乐等)以及能够发展他们语言和数学能力的活动上。

4. 斯坦福大学学习实验室(SLL)的研究

斯坦福大学在语言教学中使用移动电话,这是该实验室一个极富创新意义的研究项目。研究人员认为蜂窝电话、掌上电脑、无线 Web 帮助我们收发电子邮件、进行股票交易并保持联系,它们也应该能帮助我们让学习填满每一天的"碎片"时间。2001 年,SLL 开发了一个移动学习的初始模式,选择以外语学习作为移动学习的课程内容,让用户练习生词、做小测验、查阅单词和短语的译文、与现场教师实时交流并将单词存储到笔记本中。SLL 初步假定,移动设备能在一个安全、可信、个性化以及即时需求的环境中提供复习、练习的学习机会。

5. 非洲农村的移动学习

非洲农村的移动学习,既是一个项目,也是南非普里多利亚大学领导的一个正常的研究生教育计划。农村学生通过这个计划学习教育学士学位课程、高级教育证书课程和特殊需求的课程。这个项目的最大特点就是参加学习的学生没有 PDA,也没有 E-mail 和其他数字化学习设施,他们中 99% 的人拥有的工具就是移动电话。移动电话在整个教学过程中起到以下作用:

(1)作为通用教务管理的支持,可以批量发送事先设计的短消息给所有相关的学生。

(2)作为具体的教学支持,可以从数据库中向特定学生群发送定制的学习短消息。

(3)作为具体的教务支持,可以从数据库中向特定的学生群体甚至个人发送定制短消息。

6. 爱立信等商业公司开展的"移动学习"项目

该项目由爱立信、Insite、Telenor Mobil 与 IT Fornebu Knowation 联合开展,旨在研究移动学习与传统课堂教学整合的方式。通过在"3G 应用入门"的教学中将移动学习方式作为一种辅助学习方式,发现需要将传统课堂学习、E-learning 和 M-learning 这些学习模式综合起来并进行彻底、全面规划。作为其中一种学习模式的 M-learning,移动技术是实现人们之间信息分享和通信交流的重要工具。

2.2.2 国内研究现状及成果

我国对 M-learning 的研究实践主要是在教育部的策划下开展的,与欧美等国家相比,我们的研究水平还比较低,研究规模还比较小。虽然如此,我们还是取得了一定的成果。

1. 教育部高教司试点项目:移动学习理论与实践

这个项目由国内第一个移动学习实验室——北京大学现代教育中心教育实验室承担研究,项目持续4年,从2002年1月至2005年12月。其研究分为4个阶段:

(1)基于 GSM 网络和移动设备的移动学习平台。该阶段主要利用短消息进行移动学习,重点是解决信息交换,实现了基于 SMS 的移动网和互联网共享。

(2)基于 GPRS 的移动学习平台。该平台主要是针对 GPRS 数据服务,开发适合多种设备的教育资源,使得 GPRS 手机、PDA 和 PC 可以浏览同一种资源。

(3)基于本体的教育资源制作、发布与浏览平台。该平台主要是提高教育资源和教育服务的开发规范、动态扩充、可定制性,并为教育语义 Web 打下基础。

(4)教育语义网络平台。该平台主要利用语义 Web 技术提高教育服务平台的智能性,利用语义 Web 以及本体技术建立多功能的教育服务平台。

2. 教育部"移动学习"项目

参与该项目的高校有3所,分别是北京大学、清华大学和北京师范大学,其核心内容有两个:一是建立"移动学习"信息网,利用中国移动的短消息平台和 GPRS 平台向广大师生提供信息服务,同时让师生能够享用更加优质优惠的移动电话服务;二是建立"移动学习"服务站体系,在各主要大学建立"移动学习"服务站,为参与"移动学习"项目的用户提供各种服务。

3. 多媒体移动教学网络系统 CALUMET

多媒体移动教学网络系统 CALUMET(Computer Aided Learning Unite Multimedia Education Technology)是由南京大学和日本松下通信工业公司以及 SCC 公司合作进行的一个多媒体移动教学的实验研究。该实验从1999年4月开始,到2000年4月结束第一阶段工作,即试验使用和功能完善阶段;2000年5月进入第二阶段,即正式使用阶段。

  CALUMET系统融合了先进的多媒体教育技术、移动通信技术和互联网技术,在校园网中实现了随时随地的教学。它有三大主要功能:移动学习、移动上网和移动通话。

第 3 章　移动学习体系结构及模式

3.1　移动学习的体系结构

移动学习是远程教育的扩展,是依托目前比较成熟的无线移动网络、国际互联网以及多媒体技术,学生和教师通过使用移动设备(如手机等)来更为方便灵活地实现交互式教学活动,其基本构架如图 3.1 所示。

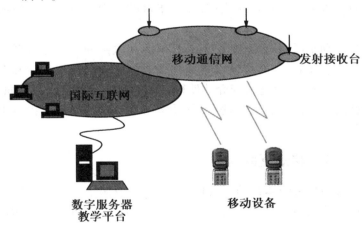

图 3.1　移动学习的体系结构

移动学习系统主要由 4 个部分组成:移动通信网、国际互联网、移动设备和教学服务器。

1. 移动通信网

移动通信网是整个移动网络的一部分,由多个基站组成,用来发射或接收来自移动设备以及互联网的信息,并通过空中接口将移动设备与互联网实现无缝连接。

2. 国际互联网

国际互联网即我们通常说的 Internet,该网络是教育资源的有效载体。目前互联网技术已经非常成熟,与互联网连接的客户可方便地进行信息交换,并可访问互联网上的丰富资源。

3. 移动设备

移动设备,如智能手机、平板电脑等。目前比较普及的是 3G\4G 智能手机,相对第一代模拟制式手机(1G)和第二代 GSM、TDMA 等数字手机(2G),3G\4G 智能手机能够处理图像、音乐、视频流等多种媒体形式,提供包括网页浏览、电话会议、电子商务等多种信息服务。

4. 教学服务器

教学服务器与互联网相连,存放丰富的教学资源以及相应的服务程序。

从移动学习系统的构成来看,其国际互联网和教学服务器是教育资源的主要载体;而移动设备和移动通信网则是连接用户和互联网的主要媒介,正是这种媒介才使得移动学习系统独具魅力。同时,随着移动通信技术的迅速发展,移动学习系统将给使用者提供更方便的服务。

3.1.1 移动互联网

从移动学习的体系结构我们可以看出,资源访问的形式是受移动设备与移动通信网之间以及移动通信网与国际互联网之间的通信协议制约的。这里我们将由移动通信网与国际互联网构成的网络称为移动互联网。无线通信网是指由无线模块组成的网络,包括集中式和非集中式控制的无线网络。在这样的网络中,用户利用移动设备(手机、平板电脑、PDA 等)通过无线连接和协议服务器,就可以方便地与国际互联网交互信息,形成统一的互联网,称为移动互联网。与国际互联网相比,移动互联网的一个重要优点是客户使用终端通过空中接口与国际互联网相连,这样就可弥补有线互连不能移动的缺点(设备移动时必须断开)。因此,移动互联网可实现移动中交互,实时连接,为移动学习提供了广阔的发展空间。

3.1.2 移动设备

典型的移动设备主要是指个人数字助理(PDA),国内外有许多厂商都有自己的产品系列,主要类型有 Compaq 公司的 iPAQ 系列和 Palm 公司的 Palm 系列。这种类型设备具有一定的运算处理能力、网络连接能力和存储能力。由于体积小、携带方便而且集中了计算、文档写作、多媒体和网络等多种功能,它不仅可用来管理个人信息、访问网络资源、收发 E-mail 等,甚至还可以通过无线通讯方式与远程计算机进行交互控制。美国加州大学伯克利分校(UC Berkeley)人机交互研究室,2000 年启动了一个名为 Mobile Education 的项目。其应用对象是美国的中、小学生,旨在从理论和实践两个方面对于手持移动计算设备应用于教学活动的可行性、性能和前景进行研究。其结果表明,学习小组的形式非常适合美国中小学的教学内容,学生可以组成学习小组,通过手持设备方便地进行组内的研讨和组与组之间的交流。

目前应用更为广泛的移动设备是手机(移动电话),手机已成为很多现代人工作、生活的必备品。从只有通话功能的"大哥大"到现在走向"3G""4G"的智能手机,它所扮演的角色已不再只是一个通话的工具,而是成为人们移动办公、休闲娱乐的得力助手。在全球范围内使用最广的手机是 GSM 手机和 CDMA 手机。在中国内地 GSM 最为普遍,CDMA 手机也很流行,这些都是所谓的第二代手机,它们都是数字制式的,除了可以进行语音通信以外,还可以发短信(短消息、SMS)、手机铃声下载、彩信(MMS)、上网等。

第一代手机是指模拟的移动电话,也有多种制式,如 NMT、AMPS、TACS,但是基本上只能进行语音通信。在第二代手机出现以后有了对比,人们才把这些模拟制式的手机称为第一代手机。

目前第三代、第四代移动通信系统(3G、4G)的手机得到普及。

相对第一代模拟制式手机(1G)和第二代 GSM、TDMA 等数字手机(2G),第三代、第四代手机是将无线通信与国际互联网等多媒体通信结合的新一代移动通信系统。能够处理图像、音乐、视频流等多种媒体形式,提供包括网页浏览、电话会议、电子商务等多种信息服务。

手机软件固化在硬件中,一般包含 3 个层次(图 3.2):第一层次是 Operating System(OS,操作系统),主要与 RF(射频信号)芯片进行沟通与指令处理,它基于一些基础的网络协议(如 GSM、GPRS 或 CDMA、W-CDMA)等;第二层次是内置的手机本地应用,例如电话簿、短信息等内容,更为重要的是,在一些手机上已经集成了 J2ME 开发平台,即它可以运行第三方开发的应用程序;第三层次是在 J2ME 平台上开发的一些 KJava 应用程序(如各种游戏、图片浏览等),还有一些 API 的接口函数,可以同外部的 PC 通过线缆进行数据传送,也可以通过无线方式与外界应用服务提供商传递数据。

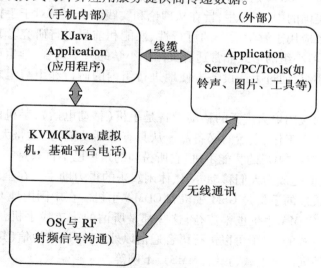

图 3.2　手机软件层次简单示意图

就 OS 而言,由于硬件设备(主要是芯片)是不同的,因此各个厂商都拥有自己的操作系统,现在还不完全开放。目前主流的操作系统有 Android IOS、Linux、Win-CE 等。中间的 KVM 平台基本上是开放的,国际上通行的是 J2ME MIDP1.0 标准,只要大家都遵照这个标准,就可以保证最上层的开放性。但在这一层,因为手机的键盘或触屏方式等设备功能是不同的,各个厂商及不同型号的手机在接口方面有一些差异。最上面的应用层是比较开放的,使用 KJava 这种开放的语言,第三方也可以进行手机应用软件的开发。

目前,各种各样的多媒体应用成为高端手机功能的卖点,手机开始与 PDA 相融合,也开始告别了话音时代,走向移动办公、移动学习时代。具体功能的拓展,主要体现在以下几方面:

(1)交互性。在当前的手机交互界面的设计中,动画与图案都被引入界面设计,这在早期几乎是看不到的。

(2)个人助理及娱乐功能。个人助理指电话本、名片夹、日历、日程表、闹钟、声控拨号、录音等功能;娱乐功能体现在 MP3 播放功能、FM 调频收音机功能、游戏等。

(3)软件可扩展性。在手机上装载 KVM,解释 Java 程序,用于拓宽应用软件的来源,同时也可以方便用户自己增删一些较简单的附加功能。

3.2 移动学习的主要模式

3.2.1 基于短消息的移动学习

1. 基于互联网的短消息网络结构

GSM(Global System for Mobile Communication)网络除了提供话音服务外,还提供面向字符的短消息服务(Short Message Service)。SMS 占用通道的时间短、费用小,可使得两个 GSM 用户方便地进行点对点通信。由于互联网开发的时间较长,而且已经具有大量的支持软件,并形成了丰富的资源,因此目前众多的短消息服务厂商几乎都与国际互联网相结合而形成统一的短消息服务网络。

2. 基于短消息的移动学习

通过短消息可在用户间实现有限字符的通信,也可实现用户与互联网服务器之间的有限字符传送。利用这一特点可实现用户通过无线移动网络与互联网之间的通信,进而实现对教育服务器的访问,并完成一定的教学活动。具体功能如下:

(1)学校对教师的教学活动通知;
(2)教师对学生的教学活动通知;
(3)学生对教师提出问题;
(4)教师对学生的问题进行浏览以及答疑;
(5)学生对考试分数的查询。

总之,通过短消息可实现学生和学生之间、学生和教师之间、学生和教学服务器之间以及教师和服务器之间的字符通信,这样的教学活动不再受时间、地点和场所的限制,真正做到"everywhere,everytime"。

但是,要想更好地实现移动学习,还需要解决以下问题:

(1)教学服务器的软件系统要增加移动接口;
(2)需要专门设计并编写面向短消息的服务软件;
(3)手机方应该提供教学服务系统的操作菜单。

前两者是属于服务器端的软件,用户可以修改完成;但对于(3)来说,涉及手机系统的软件,由于目前的手机是封闭的系统,其系统软件是在出厂时确定的,因而很难改变。因此,对于目前的手机来说,可能的基于短消息的移动学习方案是教育系统自行规定一组操作,用户可利用短消息将操作命令发给教学服务器,教学服务器再根据收到的命令执行相应的操作。

3. 基于短消息的移动学习存在的问题

对于短消息通信来说,其数据的通信是间断的,不能实时连接,因而不能利用该种通信实现手机对网站的浏览,以及多媒体资源的传输和显示。但是,随着通信芯片和DSP(Digital Signal Processor)性能的提高,移动通信协议得到了很大改进,通信的速度也大大提高。

目前很多手机厂商已经开发出能支持浏览器的高档手机,如 WAP 手机、iMODE 手机、GPRS 手机等。

随着 3G、4G 通信协议的推出,面向浏览器的移动设备很快得到了推广,此时的移动学习在方便性以及服务质量上都发生了空前变化:教学活动将不受时间、空间和地域的限制,并将得到高质量的保证。同时,教育平台从微机到手机的转变也会带来一系列的问题:

(1) 通信收费问题。

面向连接的协议将允许长时间连接,按时收费将非常昂贵,目前很多厂商建议按流量收费。

(2) 格式转换问题。

手机屏幕与微机屏幕具有非常大的差距,其显示格式应该根据手机屏幕的大小而相应改变。目前所采取的手段是规定一种面向手机的标记语言(WML),同时开发一组 HTML 与 WML 之间的相互转换的中间件。当利用手机浏览 WEB 网页时,中间件将 HTML 文件转换成 WML 文件,然后传输给手机显示。

(3) 开发基于手机的教育软件。

由于很多微机软件是基于微机屏幕的,因而在移植到手机上时,都要对于显示程序进行适当的修改。

从上面的分析可以看出,不同形式的移动学习各具特点。从未来的发展来看,基于连接的移动学习将成为今后远程教育发展的主要方向。

3.2.2 基于 Android 的移动学习

目前在移动市场上占据主导的操作系统有 Android 和 iOS,这两个操作系统引领着手机系统开发的潮流,吸引了广大开发者的争相关注和加入,很多从事其他语言或是相关语言开发的技术人员纷纷转行到了这两个操作系统的开发狂潮,带来了前所未有的革新与变化。Android 手机操作平台是 Google 为移动终端量身定做的第一个真正开源和完整的移动手机平台。其系统的开源性及自身所具备的各种特性,为移动学习平台的设计和开发提供了强大的支持。选择

Android 系统作为移动学习的开发平台,有着广阔的应用前景。

基于 Android 的移动学习系统平台具有以下优势:

1. 应用广泛

基于 Android 的移动学习系统平台就是应用于具有 Android 操作系统的移动设备(如智能手机、平板电脑等)的 APP。随着 Android 智能手机、平板电脑等移动设备广泛使用,Android 移动学习系统平台也迎来了发展的春天。

2. 真正实现随时随地学习

由于智能手机体积小、携带方便,已成为人们随身携带的必备"装备"。而在"碎片化时间"翻看手机,已经成为"低头族"们的日常习惯。应用于智能手机的移动学习平台恰好可以填补人们的"碎片化时间",帮助用户真正实现随时随地的学习。

3. 强大的交互性

基于 Android 的移动学习系统平台可以实现在线学习、在线教学和在线考试等功能,主要包括学生的在线浏览文本、观看教学视频、Flash 动画,在线提问、在线讨论,下载学习资料等功能,以及教师的在线教学、在线答疑、上传教学资料等。

第 2 编

移动学习系统的开发技术

第4章 基于短消息的移动学习

4.1 短消息服务简介

本章主要介绍SMS的基本概念、SMS的系统结构和传输过程、短消息的收发方式、SMS的国内外应用情况、SMS的下一步发展,进而提出目前最适合实现移动学习系统的短消息收发方式,是基于手机串口通信的短消息收发方式。

4.1.1 SMS的基本概念

短消息服务就是通过GSM网络提供的传输有限长度的文本数字或文字信息的服务。

这种信息的传输是在GSM手机之间或手机与其他短消息实体(Short Message Entity,SME,如人工台/自动台、各种SP建立的资讯平台等)之间通过业务中心进行文字信息收发实现的,其中业务中心是独立于GSM网络的一个业务处理系统,主要功能是提交、存储、转发短消息,并完成与PSTN、Internet等网络的互通,以实现来自其他SME的短消息的传递。

短消息业务是GSM系统提供给手机用户的除了通话服务外的另一种特殊而重要的服务,短消息也称作短信息或短信。世界上第一条短消息是1992年在英国Vodafone的GSM网络上通过PC向移动电话发送成功的。目前,短消息已经成为普及率和使用率最高的一种移动增值业务。

短消息业务按其实现的方式可以分为点到点短消息业务和小区广播短消息业务(点到多点)。

1. 点到点短消息业务

点到点短消息业务是指将一条短消息从一个实体经短消息服务中心（Short Message Service Center, SMSC）发送到指定目的地址的业务。被发送的信息经过编码后最大长度为 140 个字节（如果按 ASCII 字符 7 bit 编码，一次最多发送 160 个英文字母，如果采用 Unicode 编码方式，则一次最多发送 70 个中文汉字）。用户也可以通过人工台和自动台来完成短消息的发送。

2. 小区广播短消息业务

小区广播短消息业务是指通过发送信息的基站向指定区域中所有短消息用户发送短消息的业务。通常移动通信公司会使用这种方式在一定的区域内向所有 GSM 用户循环发送一些具有通用性的信息，如交通信息、天气情况、股市信息、新闻、广告等。比如当你进入某个新的城市或进入某个大型商场区域时会收到一些欢迎信息或广告，这就是小区广播的信息。

4.1.2 SMS 系统的结构及传输过程

一个 SMS 系统的结构如图 4.1 所示。

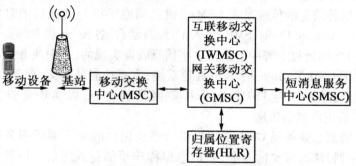

图 4.1 短消息业务系统的结构图

SMS 的传输过程如下：

当 SMS 短消息从一个可发送 SMS 的移动设备发出后，这个短消息和一个普通呼叫建立的处理没有什么不同，它从移动设备发送到基站（Base Station），然后到移动交换中心（Mobile Switching Center,

MSC),寻址到需要的短消息服务中心(Short Message Service Center, SMSC)。SMSC 把短消息转发到短消息业务/网关移动交换中心 (SMS-GMSC),SMS-GMSC 向目的移动设备的归属位置寄存器(Home Location Register,HLR)询问路由信息并把消息发送到合适的 MSC, 由该 MSC 把消息发给目的移动设备。如果移动设备漫游到外地,被访问的移动网将把短消息转发到短消息业务/互连移动交换中心(SMS-IWMSC),SMS-IWMSC 再将短消息传递给 MSC,最后 MSC 将消息传递给目的移动设备。

此外,短消息服务需要在网络中安排一台或者若干台专用服务器。这个短消息服务器可称为服务中心(Service Center,SC),其任务是存储和重发短消息,直到收件人自行收取到短消息。当短消息发给一个移动设备,移动设备在服务区以外、关机或信号不足时,服务器保存该消息。当移动设备重新开机或回到服务区时,网络就通告短消息服务器,使它成功地将储存的消息重新发给收件人。

4.1.3 短消息的收发方式

目前短消息的应用越来越广泛,短消息的发送方式也不仅仅局限于手机之间互发短消息。短消息发送方式主要有以下 3 种:

第一种方式:有线短消息收发方式。其工作方式是企业通过自己的服务器直接接入移动运营商的网络来发送短消息。由于运营商对于直接接入的设备有一定的要求,并限制了最低业务量,而且如果企业涉及多个运营商网络(如中国移动、中国联通),还需要分别接入,并且服务器的价格通常也较贵,因此该种方法仅适用于大型企业,对于一般的中小企业和个人并不适用。

第二种方式:移动或联通授权的中间运营商和一些网络站点都为企业或个人提供短消息发送业务,企业或个人要发送短消息,只需通过互联网或专线接入到中间运营商或网站的短消息中心,并且需要与中间运营商或网站达成某种协议就可以通过他们来收发短消息。虽然这种方式不需要考虑运营商网络的问题,但也需要网络外联、维护协议等,并且对网站的依赖性太强,对互联网络的依赖也无法避免。而且一些站点的短消息服务也不尽如人意,通过网站发出的短消息经常会石沉大海。

第三种方式:在电脑上通过手机发送中文短消息,这是目前比较适合于小项目开发的一种方法,所需硬件包括一款手机,提供 GSM MODEM 功能,以及相应的串口数据线或红外线适配器。采用这种方法编码简单,只需对 AT 指令和串口编程比较熟悉就可以实现,而且对硬件需求不高。这种方法灵活,易于实现,但是速度相对较慢,适用于小型的企事业单位和个人应用。

可以看出,目前只有第三种方式比较适合我们的研究。我们研制开发的移动学习系统也是采用第三种方式来实现的。

4.1.4 SMS 技术的国内外应用现状

国内外很多公司都在进行针对 SMS 的各种应用和开发,归纳起来有以下几种:

(1)开发 C/S 或 B/S 结构的短消息平台,通过平台服务器连接移动和联通的短消息中心,以端口特服号码进行实时发送和接收。这样用户通过浏览器或者安装客户端软件后,就能够通过 Internet 连到平台服务器,可以像收发邮件一样收发短消息。

(2)利用 SMS 可以传输数字、字符的特点,开发利用 SMS 进行远程检测、远程控制方面的应用。如变电站、电表、水塔、水库或环保监测点等监测数据的无线传输和无线自动报警;远程无线控制高压线路断电器、加热系统或其他机电系统的启动和关闭;车队交通管理和控制指挥系统;控制和监测香烟、食品和饮料自动售货机的运行状态和存货状态等。

(3)将 SMS 集成到企业的 OA 系统或 CRM 系统中。这样企业员工之间、企业与客户之间可以很容易使用短消息进行及时有效的沟通和交流,比如向企业员工发送会议通知,第一时间把产品的信息发送给需要它们的客户等,降低通信成本,节省工作时间,提高服务质量。

(4)开发用于短消息发送的专用硬件设备。法国 WAVECOM 公司和德国的 Siemens 公司都是全球著名的制造手机模块的企业,它们都提供用于短消息发送的设备,如 GSM modem。利用这些专用设备发送短消息更可靠,每小时可发送短消息 1 200 条左右,比用手机发送短消息更稳定、快捷、效率更高。

4.1.5　SMS 的下一步发展

　　SMS 属于 GSM 的第一代数据业务,其内在的简单性也导致了不可避免的局限性。SMS 的下一个升级版本是增强消息业务(Enhanced Message Service,EMS),EMS 的优势是除了可以像 SMS 那样发送文本短消息之外,还支持发送很长的信息,包括文本、简单音乐、普通黑白图片以及某些动画。这些服务很大程度上以现在的 SMS 为基础,EMS 在存储转发机制、信道及实现方式等方面与 SMS 一样,所以不需要升级当前的网络基础设施,只要扩展 SMS 中用户数据首部(UDH)即可。EMS 只是 SMS 向多媒体消息业务(Multimedia Messaging Service,MMS)演化的一个过渡版本,MMS 将支持移动图像、卡通、交互式视频等多媒体信息,可以把文本、声音、图像、视频等集成在一起,通过手机发送电子贺卡、邀请函、屏保、商业卡片等。从 2002 年开始,随着多媒体短消息标准的进一步完善,不少厂家也推出了支持 MMS 的手机,许多服务提供商也加入到 MMS 的研发行列。

　　可以肯定地说,随着 MMS 等新的短消息标准的出现,随着技术的进步,SMS 最终会失去目前的垄断地位。

4.2　基于串口通信的短消息技术

　　实现底层的串口通信,熟练运用 AT 指令,掌握 PDU 的各种编码和解码方法是实现基于串口通信的 SMS 短消息收发系统的基础和前提。本节将就串口通信技术、与短消息收发有关的常用 AT 指令和 PDU 编解码进行研究,并编写了与短消息收发有关的 Java 程序实例。

4.2.1 串口通信的研究与实现

1. RS-232C 串行通信接口技术

RS-232C 是由美国电子工业协会(EIA)正式公布的在异步串行通信中应用最为广泛的标准总线。它包括了按位进行串行传输的电器和机械方面的规定。适合短距离或带调制解调器的通信场合。这个标准对串行通信的信号线功能、电器特性都做了明确规定。由于通信设备厂商都生产与 RS-232C 制式兼容的通信设备。因此，只要手机等通信设备支持 RS-232C 这一标准，就可以将它们和微机的 COM 口相连，进行串行通信。

2. 串口通信的实现方法

开发串口通信程序一般有两种方法：一种是利用操作系统中提供的通信 API 函数，另一种是采用各软件公司提供的标准串口通信软件包来实现。

利用 API 函数编写串口通信程序较为复杂，需要掌握大量通信知识和 API 函数，API 编程的优点是可实现的功能更丰富、应用面更广泛，所以利用 API 更适合编写较为复杂的低层次通信程序。而标准串口通信软件包具有丰富的与串行通信密切相关的类库和接口，提供了对串口的各种操作，在实现串口编程时非常方便，程序员不必花时间去了解较为复杂的 API 函数。本系统中要实现的基于串口通信功能相对来说比较简单，所以选用标准串口通信软件包来实现串口通信。使用 VC、VB、Delphi 等开发工具开发串口通信程序时多采用 Microsoft 公司提供的 Microsoft Communications Control(MSComm)控件，而我们采用 Java 进行开发，因此我们选用 Sun Microsystems 公司提供的 Java Communications API(以下简称 JCA)。

3. Java Communications API 2.0

JCA 为方便我们在应用程序中通过串行口收发数据，提供了一系列类库和接口。JCA 的类库中的类分成 3 个层次：高层类主要用来管理和访问通信端口，比如 CommPortIdentifier 和 CommPort 等；低层类提供对物理通信端口访问的接口,可以访问串行口(RS-232标准)和并行口(IEEE 1284标准),比如 SerialPort 和 ParallelPort;驱动层类提供低层类和底层操作系统之间的接口,不能被应用程序开发者直接使用。

JCA 中所有的类库和接口都放在 javax.comm 包中,列表如下,详细内容参见 JCA 的系统帮助文档。

接口列表:

CommDriver	// 设备驱动接口,应用程序开发者不能使用
CommPortOwnershipListener	// 端口归属关联匹配监听接口
SerialPortEventListener	// 串口事件监听接口
ParallelPortEventListener	// 并口事件监听接口

类列表:

CommPort	// 端口类、抽象类,用来表示底层操作系统中的一个通信端口,它包括与各种不同的通信端口进行输入/输出控制的一系列高层方法具体实现由其子类完成
CommPortIdentifier	// 端口标识类,用于对通信端口进行管理
SerialPort	// 串口类,CommPort 的子类,用于完成串口通信
SerialPortEvent	// 串口事件类
ParallelPort	// 并口类,CommPort 的子类,用于完成并口通信
ParallelPortEvent	// 并口事件类

异常类列表:

NoSuchPortException	// 没发现指定端口异常
PortInUseException	// 试图使用正在被使用的端口异常
UnsupportedCommOperationException	// 不支持的端口操作异常

4. JCA 在系统中的应用

由于在本系统里无论是读写短消息还是检测手机都要用到对系统中的相应串口进行设置，所以我们编写了 Port 类，用来完成对串口的使用。在 Port 类中，我们定义了 open( ) 成员函数，使用 CommPortIdentifier 和 SerialPort 类来完成串行端口的创建、打开并进行了相应参数的设置。以下给出 Port 类的部分程序并给出了详细的注释：

```java
import java.io.*;
//引入 JCA 标准串口通信软件包
import javax.comm.*;
public class Port
{
//存储并设置串口号，可以是 COM1、COM2 或 COM3 等
private static String portName = "COM4";
//串口类对象，用来描述与通信设备相连接的串行口
  private static SerialPort port;
// 输出流对象，用来向与串口连接的设备发送信息
  private static OutputStreamWriter out;
// 输入流对象，用来从与串口连接的设备接收信息
private static InputStreamReader in;
  //通过串口线或红外端口打开连接，设置串口通信参数
  public static void open( ) throws Exception
  {
    try
    {
      //端口标识类，用来表示已连接，并准备进行通信的端口
CommPortIdentifier portId =
    CommPortIdentifier.getPortIdentifier(portName);
// 初始化串口类，设置端口应用名称，打开端口等待时间
      port = (SerialPort)portId.open("SMS Transceiver", 10);
```

//设置串口工作状态,波特率、数据位数、停止位数、优先级
port.setSerialPortParams(57600,SerialPort.DATABITS_8,
SerialPort.STOPBITS_1, SerialPort.PARITY_NONE);
//设置和串口关联的输出流及编码格式
out = new OutputStreamWriter(port.getOutputStream(),
 "ISO – 8859 – 1");
//设置和串口关联的输入流及编码格式
in = new InputStreamReader(port.getInputStream(),
"ISO – 8859 – 1");
  } // try
  catch (Exception e)
  {
      System.out.println("could not open port:" + e);
      System.exit(0);
  }
}
//其他成员函数
……
}

打开并设置完串口以后,便可以通过串口向手机发送 AT 指令并读取返回的结果,进而实现短消息收发。因为短消息收发是最常用的功能,我们把它们设计成 Port 类的几个成员函数 sendAT( )、Writeln( )和 Read( ):

//成员函数 sendAT( ),用于发送 AT 指令,并返回指令的执行结果字符串,该函数会抛出 java.rmi.RemoteException
public static String sendAT(String atcommand) throws java.rmi.RemoteException
{
    String s = "";
    try

```
            Thread.sleep(300);        // 延迟
            writeln(atcommand);       // 写 AT 指令,下一小节详细介绍
            Thread.sleep(300);        // 延迟
            s = read();               // 读取响应
            Thread.sleep(300);        // 延迟
    }
    catch(Exception e)
    {
         System.out.println("ERROR: send AT command failed: " +
"Command: " + atcommand + "; Answer: " + s + " " + e);
    }
      return s;
}
//成员函数 writeln(),用于向输出缓冲区写以 CR 结尾的字符
串(AT 指令)
    public static void writeln(String s) throws Exception
    {
        out.write(s);
        out.write('\r');
        out.flush();
        System.out.println("write port: " + s + "\n"); // for de-
bugging
    }
//成员函数 read(),用于从串口读取 AT 指令执行结果
    public static String read() throws Exception
    {
        int n, i;
        char c;
        String answer = new String("");
```

```
// 循环多次,接收串口来的所有数据,避免丢失
   for ( i = 0 ; i < 10 ; i + + )
   {
      while ( in. ready ( ) )       //具有有效字节
      {
         n = in. read ( ) ;                    //读取一个字节
         if ( n ! = - 1 )
         {                              // 接收一个字节
            c = ( char) n ;    // 将字节转换为字符
            answer = answer + c ;    // 连接所有字符
            Thread. sleep ( 1 ) ;           // 延迟
         }
         else
         {
            break ;
         }
      }
      Thread. sleep ( 300 ) ;                        // 延迟
   }
// for debugging
   System. out. println ( " read port : " + answer + " \n " ) ;
   return answer ;     // 返回结果字符串
}
```
程序执行完毕前,应该关闭该端口,释放端口占用的各项资源,本书在这里设计了 Port 类的 close ( ) 成员函数来完成这个任务。
```
//成员函数 close ( ),用来关闭端口
public static void close ( ) throws Exception
{
   try
   {
```

```
       port. close( );
    }
    catch ( Exception e ) {
       System. out. println( "Error: close port failed: " + e );
    }
}
```

4.2.2 AT 指令

1. AT 指令简介

欧洲电报电信标准组织（ETSI）的 GSM 标准是移动技术的工业标准。随着手机短消息服务（SMS）的成功，为了统一手机模块的编解码及控制标准，20 世纪 90 年代初，诺基亚、爱立信、摩托罗拉和惠普共同为 GSM 研制了一整套标准，包括控制手机的 AT 命令集，SMS 及 PDU 格式的编码方式。与我们讨论的短消息收发有关的规范主要包括 GSM 03.38、GSM 03.40 和 GSM 07.05。前两个规范着重描述 SMS 的技术实现（含编码方式），GSM 07.05 则规定了 SMS 的 DTE-DCE 接口标准（AT 命令集）。

一般的 GSM 模块（如手机）都支持 GSM 07.05 所定义的 AT 命令集的指令。因此可以利用计算机通过串行接口直接向手机下达 AT 命令，来方便地实现基于串口的短消息 SMS 的发送、接收和管理。

AT 指令是计算机通过串口操作手机的唯一途径，所以各个厂商的 AT 指令可能不尽相同。指令的格式和命令含义是由 GSM 协议制定。表 4.1 列出了常用的 AT 指令及说明。

表 4.1 常用的 AT 指令及说明

AT 指令	说明
AT + CMGR = < index >	从手机读取一条短消息，参数 < index > 为短消息在手机内存中的索引号

续表 4.1

AT 指令	说　明
AT + CMGS = < length > < CR > PDU < ctrl + z >	向手机发送一条短消息,参数 < length > 为 PDU 编码的长度, < CR > 为回车, < PDU > 中包含短消息服务中心号码、目的手机号码、短消息内容编码,和其他一些信息编码的字符串
AT + CMGL = < stat >	短消息列表,参数 < stat > 可以取 0,1,2,3,4,分别返回收到的未读取信息列表、收到的并已读的信息列表、储存的未发送的信息列表、储存的已发送的信息列表、所有消息列表
AT + CMSS = < index > < da >	从发件箱中发送短消息,参数 < index > 为短消息在发件箱中的索引, < da > 为对方手机号码
AT + CSCA? AT + CSCA = < sca >	读取短消息服务中心号码,返回 + CSCA: < sca > 设置短消息服务中心号码,参数 < sca > 为短消息服务中心号码
AT + CMGW = < length > [< stat > ,] PDU < ctrl + z >	向手机内存中写入短消息,参数 < length > 为 PDU 编码的长度, < stat > 和"AT + CMGL"中的 stat 一样
AT + CPMS = < mem1 > , < mem2 >	选择手机存储器或 SIM 卡存储器,参数 < mem > 可以取 mt 或 sm,分别表示选择手机存储器和选择 SIM 存储器
AT + CMGD = < index >	从手机中删除一条短消息,参数 < index > 为短消息在内存中的索引
AT + CGMI	返回手机模块生产厂商
AT + CGMM	返回手机模块标识

2. AT 指令在系统中的应用

我们可以编写测试程序对 AT 指令进行测试, 比如, 如果想测试手机模块是否连接, 可以发送 AT 指令"AT", 如果返回的字串里面有"OK", 则说明计算机与手机模块已连接成功, 这时可以正常收发短消息。我们在 Port 类中编写一个 main() 函数进行测试。

```
public static void main(String[] args)
{
    try
    {
        Port.open();
    }
    catch(Exception e)
    {
        System.out.println("No Port");
    }
    message = Port.sendAT("AT");
    if (message.equals("OK"))
    {
        System.out.println("手机模块已连接。");
    }
    else
    {
        System.out.println("与手机模块连接失败。");
    }
}
```

4.2.3 PDU 编码的研究与设计

1. SMS 的控制途径

SMS 和 PDU 编码格式是由 ETSI 所制定的两个规范(GSM 03.40

和 GSM 03.38)规定的。PDU 编码有 3 种方式:7-bit 编码,它可以发送最多 160 个字符;8-bit 编码,它理论上可以发送最多 140 个字符,但无法直接通过手机显示,常被用来作为数据消息;16-bit 编码,可以发送最多 70 个字符,被用来显示 Unicode(UCS2)文本信息,可以被大多数的手机所显示。书中介绍的发送中文短消息选用 UCS2 编码方式。

对 SMS 的控制共有 3 种实现途径:最初的 Block 模式,基于 AT 命令的 Text 模式,基于 AT 命令的 PDU(Protcol Data Unit)模式。Block Mode 模式目前已经很少用了。Text Mode 是纯文本方式,可使用不同的字符集,从技术上说也可用于发送中文短消息,而且实现起来非常方便。但国内手机基本上不支持,主要用于欧美地区。PDU Mode 被所有手机支持,可以使用任何字符集,不仅支持中文短消息,也能发送英文短消息,而且 PDU 模式也是手机默认的编码方式。本书所研究和采用的是在 PDU Mode 下发送和接收短消息的实现方法。

PDU 串表面上是一串 ASCII 码,由'0'-'9','A'-'F'这些数字和字母组成。它们是 8 位字节的十六进制数或者是以 BCD 码方式编码的十进制数。发送消息的 PDU 串不仅包含消息内容本身,还包含很多其他信息。如发送 PDU 串还包括 SMSC 服务中心号码、目标号码等信息。接收短消息的 PDU 串除了信息内容外还包括发送手机号码、编码方式和 SMSC 接收时间等。发送和接收的 PDU 串,结构是不完全相同的。下面用两个实际的例子说明 PDU 串的结构和编排方式。

2. 发送 PDU 串实例分析

服务中心号码 SMSC: +8613800451500(哈尔滨移动 SMSC 号码)

对方手机号码:13936232548

消息内容:"移动学习"

发送的 PDU 串可以是:

08 91 683108401505F0 11 00 OD 91 683139262345F8 00 08 00 08

79FB52A85B664E60

该 PDU 串中各部分具体分析见表 4.2。

表 4.2　发送 PDU 串中各部分具体分析说明

PDU 串	说　明
08	TON/NPI 加 SCA 的长度，即 91683108501305F0 的长度（按字节计数为 8）
91	TON/NPI 短消息中心号码类型，遵守 International/E.164 国际号码格式标准，91 表示号码首位加"+"，81 表示号码首位不加"+"。91 81 都表示国际号码类型，即电话号码的前两位是国家代码，比如中国为 86，A1 表示国内号码类型，即电话号码中不含国家代码
683108401505F0	为服务中心（SCA）号码，经过了编码处理，此为哈尔滨移动短消息服务中心号码 8613800451500，编码方式为：如果号码长度为奇数则末尾 F 补齐，然后相邻奇偶位交换位置
11	文件头字节（header byte）
00	TP–MR（Message Reference）信息类型
0D	目标 SIM 卡号码长度，按阿拉伯数字个数计数，不包括 91 和'F'，从 68 开始半字节 16 进制长度
91	TON/NPI 接收短消息手机号码类型
683139262345F8	被叫手机 SIM 卡号码（DA），也经过了移位处理，8613936232548
00	TP-PID 协议标识，一般为 00
08	TP-DCS 数据编码方案 08 为 16-Bit USC2（中文 UNI-CODE 编码），00 为 7-Bit（ASCII 编码），15 为 Bit8 编码
00	TP-Valid-Period 消息的有效期 00 为 5 分钟，90 为 12 小时，FF 为最大值

第4章 基于短消息的移动学习

续表4.2

PDU 串	说　明
08	TP-User-Data-Length 用户信息长度,即短消息内容字节数,十六进制表示
79FB52A85B664E60	TP-User-Data 用户数据,即短消息内容"移动学习"

3. 接收 PDU 串实例分析

接收到的 PDU 串可以是
08 91 683108401505F0 11 00 0D 91 683139262345F8 00 08 00 08 79FB52A85B664E60
该 PDU 串各部分具体分析见表4.3。

表4.3　接收 PDU 串中各部分具体分析说明

PDU 串	说　明
08	短消息中心号码长度,从91到F0的十进制长度
91	TON/NPI 短消息中心号码类型
683108401505F0	短消息中心号码 13800451500(哈尔滨移动)
04	首字节,04表示中心还有短消息,00表示没有
0D	目的号码长度,从68开始半字节十六进制值
91	地址类型
683139262345F8	短消息来源手机号码:13936232548
00	TP_PID 协议标识
08	TP_DCS 数据编码方案,00为7BIT,08为16BIT, USC2
40905132009300	TP_SCTS 中心时间戳,04年9月15日23时09分03秒00时区,为短消息中心 SMSC 收到短消息的时间。时间戳是指 SMSC 为了唯一地标识每个短消息,给每个短消息加上一个时间戳,这个时间是指短消息到达 SMSC 的时间,精确到秒。SMSC 必须确保给在同1秒内到达的两个或更多短消息赋予不同的时间戳

续表4.3

PDU 串	说明
08	短消息编码的字节长度,用十六进制表示,此处是 8 个字节
79FB52A85B664E60	短消息内容"移动学习"

4. PDU 编码

发送短消息的 PDU 串不只是短消息内容部分,还包括短消息中心号码、目的手机号码及其他一些附加信息。在编码的时候要根据短消息内容采用不同的编码方案。

下面首先探讨短消息内容的编码方式。

(1)短消息内容的常用编码方式。

根据发送的内容的性质是文本还是其他数据,以及文本是中文还是英文,在 PDU Mode 中,可以采用 3 种编码方式来对发送的内容进行编码,它们是 7-bit、8-bit 和 UCS2(UNICODE)编码。7-bit 编码用于发送普通的 ASCII 字符,它将一串 7-bit 的字符(最高位为 0)编码成 8-bit 的数据,每 8 个字符可"压缩"成 7 个;8-bit 编码通常用于发送数据消息,比如图片和铃声等;而 UCS2 编码用于发送 Unicode 字符,比如中文。PDU 串的用户信息(TP-UD)段最大容量是 140 字节,所以在这 3 种编码方式下,可以发送的短消息的最大字符数分别是 160、140 和 70。这里,将一个英文字母、一个汉字和一个数据字节都视为一个字符。需要注意的是,PDU 串的用户信息长度(TP-UDL),在各种编码方式下意义有所不同。7-bit 编码时,指原始短消息的字符个数,而不是编码后的字节数。8-bit 编码时,就是字节数。UCS2 编码时,也是字节数,等于原始短消息的字符数的两倍。

下面我们介绍纯英文和中文的信息编码方法。利用同一部手机发送短消息,一般发送的 PDU 串前面部分均相同,也就是短消息中心 SMSC 部分相同。不同的只是目的手机号码和短消息内容有变化。下面分别就短消息内容的英文编码、中文编码和 SMSC 号码及手机号码的编码方法进行探讨。

(2)短消息内容的英文编码。

GSM 只支持 ASCII 码值从 0x00 到 0x7F 的 128 个字符。这些值只需要 7-bit 去定义,而 SMS 报文是以 8-bit 字节序列传输的,故 GSM 使用一种编码方式将 7-bit ASCII 码值序列压缩成 8-bit 字节序列。压缩方法是每一个字节的第八个二进制位 bit8 被忽略,然后依次将下一 7 位编码的后几位逐次移至前面,形成新的 8 位编码,依此类推。假设短消息内容为"Hello World!",编码过程见表 4.4。

表 4.4 ASCII 码值序列压缩过程示意

序号	字符	ASCII	8 位二进制	7 位二进制	移位转换后	最终编码
1	H	48	01001000	1001000	11001000	C8
2	e	65	01100101	1100101	00110010	32
3	l	6C	01101100	1101100	10011011	9B
4	l	6C	01101100	1101100	11111101	FD
5	o	6F	01101111	1101111	00000110	06
6	空格	20	00100000	0100000	01011101	5D
7	W	57	01010111	1010111	11011111	DF
8	o	6F	01101111	1101111	01110010	72
9	r	72	01110010	1110010	00110110	36
10	l	6C	01101100	1101100	00111001	39
11	d	64	01100100	1100100	00000100	04
12	!	21	00100001	1100100		

为了处理问题的方便,我们设计了 SMSTools 类,在该类中我们编写了一些静态成员函数来完成短消息处理的一些常用操作,下面给出的静态成员函数 compress() 主要完成 7 bit 数据的压缩。

/**

* GSM 编码
 * (1 character - > 7 bit data)
 * @param data Unicode 编码的字节数组序列
 * @return 符合 GSM 标准的压缩后的字节数组序列
 */
public static byte[] compress(byte[] data)
{
    int l;
    int n; // 被压缩后的数据长度
    byte[] comp;
    // 计算信息长度
    l = data.length;
    n = (l * 7) / 8;
if((l * 7) % 8 ! = 0)
{
            n + + ;
        }
        comp = new byte[n];
        int j = 0; // 数据索引
        int s = 0;   // 从下一个字节移位的数值
for(int i = 0; i < n; i + +)
{
//短消息编码:后一个字节右移相应位添加到前一个字节相应位
            comp[i] = (byte)((data[j] & 0x7F) > > > s);
            s + + ;
            if (j + 1 < l)
{
                comp[i] + = (byte)((data[j + 1] < < (8 - s)) & 0xFF);
            }

```
            if ( s < 7)
    {
                j + + ;
            }
            else
    {
                s = 0;
                j + = 2;
            }
        }
        return comp;
}
```

(3) 短消息内容的中文编码。

UNICODE(UCS2)编码是将每个字符(1~2个字节)按照 ISO/IEC 10646 的规定,转变为 16 位的 Unicode 宽字符。我们在 SMSTools 类设计了静态成员函数 convertUnicode2GSMch( ),来完成这个功能。

```
/ * *
 * 中文短消息编码
 * @ param 待处理的中文字符串
 * @ return 符合 GSM 标准的字节数组序列
 */
public static byte[ ] convertUnicode2GSMch( String msg)
    {
    byte[ ] data = new byte[ msg.length( ) * 2];
    //转换成 Unicode 字节数组
    char temChr;
    String str;
    int tmp, tmpl, tmph;
    for( int i = 0;i < msg.length( ); i + + )
        {
```

```
        temChr = msg.charAt(i);
        str = Integer.toHexString((int)temChr);
        if(str.length()! = 4)
    {
         str = "00" + str;
    }
        tmp = Integer.parseInt(str,16);
        tmpl = tmp & 0xff00;
        tmpl = tmpl > > 8;
        data[i * 2] = (byte)tmpl;
        tmph = tmp & 0x00ff;
        data[i * 2 + 1] = (byte)tmph;
    }
    return data;
}
```

(4)对短消息中心号码和目的手机号码的编码。

在发送短消息时除了要对短消息内容进行编码,还要对短消息中心号码和目的手机号码进行编码,对它们的编码比较简单,只需将相邻的奇偶位置的数字进行两两对换即可。例如对被叫手机号码为"13869125199"进行编码会得到"3168195291F9"。要注意如果目的号码位数为奇数,在号码的最后要先加上"F",然后进行编码,如果为偶数则不用加,只需要将相邻奇偶位置的数字两两交换。我们在SMSTools 类中设计了静态成员函数 convertDialNumber(),来完成这个功能。

```
/* *
 * 将字符串格式的电话号码转换成 GSM 格式的电话号码
 * @ param 字符串格式的电话号码
 * @ return GSM 格式的电话号码
 */
public static byte[ ] convertDialNumber(String number)
```

```
            {
    if (number.charAt(1) = = '3')
            {
            number = "86" + number;
        }
    int l = number.length();
        int j = 0;    // 索引
        int n;         // 转换后号码长度
        byte[] data;
        // 计算转换后的号码长度
        n = l / 2;
        if (l % 2 ! = 0)
            {
            n + + ;
        }
        data = new byte[n];
        for (int i = 0; i < n; i + +)
            {
            switch (number.charAt(j))
            {
                case '0': data[i] + = 0x00; break;
                case '1': data[i] + = 0x01; break;
                case '2': data[i] + = 0x02; break;
                case '3': data[i] + = 0x03; break;
                case '4': data[i] + = 0x04; break;
                case '5': data[i] + = 0x05; break;
                case '6': data[i] + = 0x06; break;
                case '7': data[i] + = 0x07; break;
                case '8': data[i] + = 0x08; break;
                case '9': data[i] + = 0x09; break;
```

```
            }
            if ( j + 1 < l )
    {
            switch ( number. charAt( j + 1 ) )
    {
                case '0': data[ i ] + = 0x00; break;
                case '1': data[ i ] + = 0x10; break;
                case '2': data[ i ] + = 0x20; break;
                case '3': data[ i ] + = 0x30; break;
                case '4': data[ i ] + = 0x40; break;
                case '5': data[ i ] + = 0x50; break;
                case '6': data[ i ] + = 0x60; break;
                case '7': data[ i ] + = 0x70; break;
                case '8': data[ i ] + = 0x80; break;
                case '9': data[ i ] + = 0x90; break;
            }
        }
        else
    {
            data[ i ] + = 0xF0;
        }
        j + = 2;
    }
    return data;
}
```

5. PDU 解码

当手机接收到短消息时,短消息的 PDU 串不仅包含了短消息内容,而且还有很多其他的附加信息,如 SMS 服务中心号码,发送手机号码,SMSC 收到短消息的时间戳等。如收到的 PDU 串为:
0891683108501305F0040D91683168195291F90008409071026132000A4E2D658777ED6D88606F

首先要从 PDU 串中提取出短消息中心部分、手机号码部分和时间戳以及短消息内容。其中短消息内容为十六进制形式的 Unicode 编码,两个字节为一个汉字。接收到的 PDU 串中所包含的短消息中心号码,发送手机号码以及时间都是采用的十进制的半 8 位编码(压缩 BCD 码)。在解码时,十进制的半 8 位只需要将相邻的高位和低位交换就可以得到实际的数值。例如:"31 68 19 52 91 F9"到"13869125199F"。因为电话号码是一个奇数,编码时没有办法组成 8 位编码,需要使用 F 来补齐,所以解码后要去掉"F"。在解析时间邮戳的时候("40 90 51 32 00 93 00"),前 6 位代表日期,后 6 位代表时间,最后 2 位是时区。解码后应为(20)04 年 9 月 15 日 23 时 09 分 03 秒,时区为 0。我们在 SMSTools 类中设计了静态成员函数 decodeAddressField( ) 和 getSMSText( ) 等来完成这个功能。

```
/ * *
* 将电话号码从 GSM 格式转换成字符串
* @ param number GSM 电话号码串
* @ return decoded 普通电话号码串
*/
public static String decodeAddressField(String number)
{
String s, orgAdr = "";
s = number.substring(0, 2);      // 获得 GSM 电话号码长度
number = number.substring(2, number.length());

s = number.substring(0, 2);      // 获得目标地址格式
if (s.compareTo("91") = = 0)
{
    orgAdr = " + ";
    number = number.substring(2, number.length());
}
//将 GSM 电话号码转换成普通电话号码
```

```
    n = 0;
    do
    {
        orgAdr += number.substring(n+1, n+2) +
number.substring(n, n+1);
        n += 2;
    } while (n < number.length());
    orgAdr = orgAdr.substring(0, orgAdr.length()-1);
    //小灵通号码处理
    if(orgAdr.substring(0,2).equals("1A"))
    {
        orgAdr = orgAdr.substring(5, orgAdr.length());
    }
    else
    {
        //联通或移动号码
        orgAdr = orgAdr.substring(3, orgAdr.length());
    }
    return orgAdr;
}
/**
 * 获取可读短消息信息
 * @param data 短消息字符码串
 * @return 可读短消息字符串
 * 编码规范：TS 23.040
 */
public static String getSMSText(String data)
{
    int i, x, n;
    String s, date = "", time = "", timezone = "", orgnumber = "";
```

```
String sFlag;
s = data.substring(0, 2);      // 获得短消息中心号码长度
x = Integer.parseInt(s, 16);
i = 2 + x * 2;
// 基本参数:接收,无更多消息,有回复地址
s = data.substring(i, i+2);
i = i + 2;
s = data.substring(i, i+2);    // 回复地址数字个数
x = Integer.parseInt(s, 16);
s = data.substring(i+3, i+4);  // 获得号码类型值
if (s.compareTo("1") = = 0)
{
// 测试是否国际号码
    s = data.substring(i, i+x+5);
// 获得回复电话号码
    orgnumber = decodeAddressField(s);
}
else{
// 不是别类型电话号码
    s = data.substring(i, i+2) + data.substring(i+4, i+4+x);
    orgnumber = decodeAddressField(s);
}

    i = i + 6 + x + 1;          // 指向用户信息编码方式
    s = data.substring(i, i+2);
    sFlag = s;                  //获得短消息编码语言标识
    //获取时间戳
    i = i + 2;                  // 指向时间戳首
    s = data.substring(i, i+14); // 获得时间戳
    date = s.substring(1,2) + s.substring(0,1) ;// 年
```

```
date = s.substring(3,4) + s.substring(2,3) + "." + date;
// 月
date = s.substring(5,6) + s.substring(4,5) + "." + date;
// 日
time = s.substring(11,12) + s.substring(10,11); // 时
time = s.substring(9,10) + s.substring(8,9) + ":" + time; // 分
time = s.substring(7,8) + s.substring(6,7) + ":" + time;
// 秒
timezone = s.substring(13,14) + s.substring(12,13);
// 时区
i = i + 14; // 指向短消息正文长度
s = data.substring(i, i+2);   // 获得短消息正文长度
x = Integer.parseInt(s, 16);
data = data.substring(i+2, data.length()); // 删除头信息
//组合成 GSM 编码的字节数组
byte sms[] = new byte[data.length()/2];
for (n = 0; n < data.length()/2; n++)
{
    s = data.substring(n*2, n*2+2);
    sms[n] = (byte)(0x000000FF & Integer.parseInt(s, 16));
}
//组合所有信息为可读信息
if(sFlag.equals("00"))
{
//英文短消息处理
    data = expand(sms);
//data = orgnumber + " " + date + " " + time + " " +
//          timezone + " " + ">" + str;
```

```
            data = orgnumber + "#" + data;
    return data;
      }
        else
{
//中文短消息处理
        char sms_ch[ ] = new char[sms.length/2];
          int tmp, tmp1;
          for( n = 0; n < sms.length/2; n + +)
   {
            tmp = (int)sms[n * 2];
            tmp = tmp < < 8;
            tmp1 = (int)sms[n * 2 + 1];
            tmp1 = tmp1 & 0x00ff;
            tmp = tmp + tmp1;
            sms_ch[n] = (char)tmp;
          }
          String str = new String(sms_ch);
          //data = orgnumber + " " + date + " " + time + " " +
//            timezone + " " + " > " + str;
      data = orgnumber + "#" + str;
      return data;
        }
   }
```

第5章 基于 Android 的移动学习

5.1 Android 的技术优势

Android 的中文意思是"机器人"。Android 本身是一个基于 Linux 内核的操作系统,我们可将其理解为该系统是由许多的开源项目组成,也就是说没有开源项目就没有 Android 的系统。简单地理解 Android 系统就是一个完整的操作系统,它是一个中间件,提供一些关键的应用程序。

Android 是 Google 公司为移动设备开发的平台,是一款开放的软件系统,其系统体系结构如图 5.1 所示,我们可将其自上而下分为以下几个层次:

- 应用程序(Application)
- 应用程序框架(Application Framework)
- 函数库(Libraries)和 Android 运行时(Android Runtime)
- Linux 内核(Linux Kernel)

Android 之所以被广泛应用是由于它具有以下的优势:

- 开放性
- 平等性
- 无界性
- 方便性
- 丰富的硬件选择

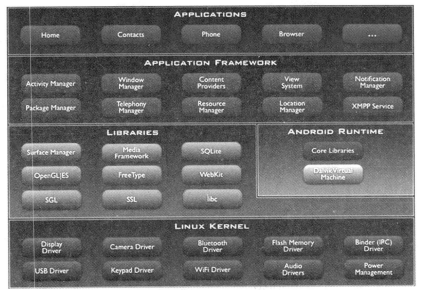

图 5.1 Android 系统的体系结构

5.2 基于 Android 的移动学习系统平台

5.2.1 Android 开发平台简介

Android 作为 Google 公司最具创新的产品之一,正受到越来越多的手机厂商、软件厂商、运营商及个人开发者的追捧。目前 Android 阵营主要包括 HTC、三星、LG、华为等。虽然这些企业有着不同的背景,但它们都在 Android 平台的基础上不断更新,让用户体验到最优质的服务。

由于 Java 语言功能非常强大,而且具有真正的跨平台特性,所以 Android 选用了以 Java 为编程语言的 Eclipse 作为其开发平台,两者都具有开放性。基于 Android 的移动学习平台的总体架构如图5.2

所示，Android 终端设备通过无线互联网络对服务器的教学资源进行访问，请求教学资源数据，系统将通过 C/S 的模型部署。移动学习平台大部分的逻辑处理和数据分析都在服务器端进行。在数据处理的过程中，首先由客户端向 Struts 服务器发出请求，服务器端根据 Action 请求跳转到相应的执行单元，转发到后台的数据库资源。基于 Android 的移动学习平台适用于具有 Android 系统的智能手机和平板电脑。

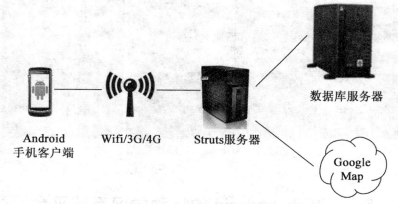

图 5.2　基于 Android 的移动学习平台总体架构图

5.2.2　客户端的设计与实现

基于 Android 的移动学习平台的客户端程序使用 Eclipse 配合 Android SDK 以及 ADT（Android Development Tools）插件进行开发。ADT 插件为用户提供了强大的综合环境，对 Eclipse 的功能进行了扩展，允许用户方便快捷地建立起一个 Android 项目，对应用程序的基础界面进行设计，通过 Android 框架 API 的支持为应用程序添加必要的组件，使用 Android SDK 工具集对应用程序进行调试，最后导出 APK 格式的安装文件以便发布应用程序。系统平台的具体设计与实现将在第 7 章详细介绍。

第 3 编

移动学习系统的设计与实现

第6章　基于短消息的移动学习系统的设计与实现

6.1　基于短消息的移动学习系统设计的原则及目标

6.1.1　基于短消息的移动学习系统的设计原则

移动学习系统旨在为学习者创设一个随时随地学习的环境,让学习者可以自主选择学习内容,学生之间以及学生与教师之间可以进行实时或非实时的交流讨论。设计一个实用的移动学习系统,要遵循以下几个原则:

1. 先进性

采用先进的设计思想、网络结构和开发工具,设计成一个标准化的、技术成熟的软件。

2. 实用性

设计时,充分考虑用户需求,做到功能完善、界面友好,使用户能方便地实现各种功能。

3. 可扩充性

可扩充性是指平台建设既要考虑目前移动学习实践对支撑环境的要求,也要考虑未来发展的需要。因此,软件功能上应有进一步开发的计划,硬件环境的选型要考虑扩充方案的成本。

4. 适应性

采用模块组合和结构化设计,使系统具有强大的可增长性,方便管理和维护。

5. 可靠性

对系统的设计、运行、调试等环节进行统一规划和分析,确保系统运行可靠。

6.1.2 基于短消息的移动学习系统的设计目标

在移动学习系统设计时,我们应以移动学习的特点、理论基础和移动学习的实现方式为基础,建构基于移动网络的学习系统。建立一个实用的移动学习系统,应实现以下目标:

1. 系统定位合理

在建立移动学习系统时首先必须明确系统的服务对象是谁,系统主要提供哪些方面的服务。本系统的定位是建立适用于大范围的移动学习系统,服务于学生和教师,让他们可以不受时间空间的束缚,可以灵活地根据自我需求学习和工作。

2. 支持多种学习模式

移动学习系统应以学习者为中心,要能够支持个别化学习模式、协作学习模式和讨论式学习模式等多种学习模式的学习,从而在真正意义上体现移动学习的灵活性和适应性。

3. 提供真实的学习情境

在移动学习系统中,由于不受时间地域的限制,可以为学习者提供真实的学习情境,即真实的学习任务和问题。这样学习者可以将学习与现实生活结合起来,以提高学习者知识迁移和解决实际问题的能力。

4. 实现在线学习和离线学习的统一

在移动学习系统中,应当满足学习者在线学习和离线学习的需求。由于在线学习费用高,会增添学习者的学习经济负担。因此,在设计时就要考虑提供下载资源,满足学习者离线学习的需求。而且,实现在线学习和离线学习的结合,使学习者能够自由支配学习时间,选择学习方式。

5. 界面设计友好、简明

由于移动设备的显示屏大小有限,因此在界面设计时就应当做到界面简明、美观;操作简单,不需要大量的预备功能;提示信息详尽、准确、恰当。

6.2 基于短消息移动学习系统的功能模块设计

我们构建的基于短消息技术的移动学习系统是一个功能较完善的、可以在大范围内推广使用的学习系统。通过分析,我们把系统分成6个功能模块,学生空间功能模块、教师空间功能模块、管理员空间功能模块、短消息监听功能模块、短消息智能处理功能模块和短消息发送功能模块。其中学生空间功能模块是学生和系统交互的界面,完成系统对学生角色的支持;教师空间是教师和学生、系统交互的界面,完成系统对教师角色的支持;管理员空间主要完成教务管理和系统维护的工作;短消息监听功能模块用来实时监听是否有短消息到达,如果有,马上转给短消息智能处理功能模块进行处理,从而完成对系统短消息的响应;短消息智能处理功能模块主要完成对各类短消息的智能处理和分发;短消息发送功能模块用来对外单发和群发短消息。系统的使用者只需要和前3个模块进行交互,而后边的3个功能模块用来为前3个模块提供相应的服务,由前3个模块调用,和系统使用者没有什么关系。这6个模块都要和后台数据库打交道,完成数据的存储、更新和检索等功能。

系统的体系结构如图6.1所示。

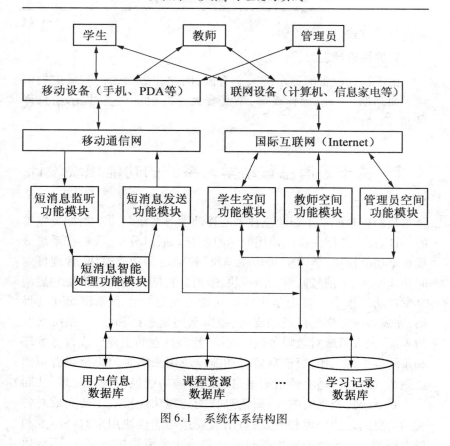

图 6.1 系统体系结构图

6.3 学生空间的功能模块设计

在本系统中,学生可以通过两种方式和系统进行交互。一种是通过移动终端(手机、PDA 等)进行移动学习,一种是通过连接互联网的计算机或笔记本等进行在线学习。系统设计时要求学生在一个时间段内只能选择一门课程进行学习。

(1)注册登录。学生注册登录系统,学生查看、修改或注销自己的注册信息。

(2)系统帮助。学生空间的使用说明。

(3)课程定制。学生选择想要学习的课程,设定和修改学习方式(学习的频度和强度)和学习模式。

(4)教务信息。查看由管理员发布的各类教务通知。

(5)自主学习。系统会根据学生的实际学习情况,选择发送适合该生学习的新知识点,供复习用的旧知识点,或者是测试题等,供学生自主学习。

(6)课堂讨论。和学习本门课程的其他所有同学进行讨论。

(7)疑难解答。随时向其他同学或者是授课教师直接请教问题。

(8)课程测试。对前面学习过的知识,或者学过的某一章的知识进行测试,查缺补漏。

学生空间子功能模块图如图6.2所示。

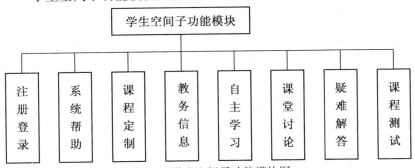

图6.2 学生空间子功能模块图

6.4 教师空间的功能模块设计

(1)注册登录。教师注册登录系统,教师查看和修改自己的注册信息。

(2)系统帮助。教师空间的使用说明。

(3)开设新课。教师向管理员提出开设新课程申请。

(4)课程管理。浏览已开设的课程,发布和维护课程信息库(课程章、节、知识点的添加、修改、删除操作),发布和维护课程试题库(课程试题的添加、修改、删除操作)。

(5)教务信息。查看由管理员发布的各类教务通知。

(6)学生指导。浏览学生的学习记录及测试记录,对学生进行个别指导或分组指导。

(7)课堂讨论。浏览学生的讨论内容,参加讨论,给学生适度的引导和指导。

(8)疑难解答。解答学生的疑难问题。

教师空间子功能模块图如图 6.3 所示。

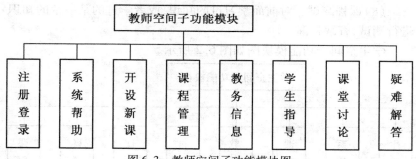

图 6.3 教师空间子功能模块图

6.5 管理员空间的功能模块设计

(1)系统设置。为保证系统的顺利运行和发展,管理员需要设置一些基本参数。比如,串口通信的基本参数设置等。

(2)系统帮助。管理员空间的使用说明。

(3)用户管理。管理员根据需求对用户信息库进行添加、修改、删除操作。

(4)开课管理。管理员负责审批教师的开课申请。

(5)教务管理。管理员在平台上发布各种教务信息。

管理员空间子功能模块图如图 6.4 所示。

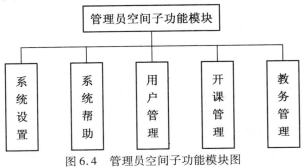

图 6.4　管理员空间子功能模块图

6.6　学生短消息指令设计

为了能够支持学生利用短消息和系统进行交互,我们设计了一系列的短消息命令,学生通过发送不同的命令就可以实现不同的系统功能。我们把短消息的前两个字符作为命令字,用于表示学生和系统之间的操作请求,其余部分作为命令的参数,提供接受命令方所需要的数据。短消息格式如图 6.5 所示。

| 0 | 1 | 2 | 3 | 4 | 5 | 6 | 7 | 8 | 9 | . | . | . | . | . | 159 |

图 6.5　短消息指令格式

其中,0 和 1 位置字符为命令字,2 及其后位置的字符为命令参数列表。

目前,本系统支持的指令主要包括以下几种。我们还可以进一步扩充指令集,不断增强系统的功能。

1. 学生注册

格式:zc 昵称

2. 课程定制

格式:dz　课程名|课程编号［频度］［次数］

3. 讨论

格式:tl 内容

4. 自主学习

格式:××章号［知识点个数］

5. 考试

格式:ks［考试题个数］

格式:ksa 试题答案

其中"a|b"为 a 和 b 两个中任选其一,"[a]"表示 a 为可选项,既可以有,也可以没有。

6.7 系统数据库设计

对于系统需要的各种数据,我们设计了相应的数据库(ydxx_db.mdb)进行存储。数据库中表名称及其结构说明见表6.1。

表6.1 数据库中表名称及其结构说明

教师信息表 (teacher)	username *	C(12)	用户名
	password	C(8)	密码
	name	C(8)	姓名
	phone	C(18)	移动设备号码
	brief_introduction	C(255)	教师简介
学生信息表 (student)	username *	C(12)	用户名
	password	C(8)	密码
	name	C(8)	姓名
	phone *	C(18)	移动设备号码
	course_id	C(2)	已选课的课程编号

续表 6.1

学生信息表 (student)	frequency	I	发送的频度(系统每天向该学生发送课程知识点短消息的频度)
	number	I	发送的条数(系统每次向该学生发送课程知识点短消息的条数)
	curr_chapter_id	C(2)	当前该学生所学内容所在章的编号
	curr_section_id	C(2)	当前该学生所学内容所在节的编号
	curr_knowledge_id	C(2)	当前该学生所学内容所在知识点的编号
课程信息表 (course)	course_id *	C(2)	课程编号
	course_name	C(20)	课程名称
	course_brief	C(255)	课程内容简介
	teacher_id	C(12)	开课教师编号
章信息表 (chapter)	chapter_id *	C(2)	章编号
	chapter_name	C(20)	章名称
	chapter_brief	C(255)	章内容简介
	course_id *	C(2)	章所在课程编号
节信息表 (section)	section_id *	C(2)	节编号
	section_name	C(20)	节名称
	section_brief	C(255)	节内容简介
	course_id *	C(2)	节所在课程编号
	chapter_id *	C(2)	节所在章编号

续表 6.1

表名	字段名	类型	说明
知识点信息表 (knowledge)	knowledge_id *	C(2)	知识点编号
	knowledge_name	C(20)	知识点名称
	knowledge_brief	C(255)	知识点内容
	course_id *	C(2)	知识点所在课程编号
	chapter_id *	C(2)	知识点所在章编号
	section_id *	C(2)	知识点所在节编号
试题表(st)	st_id *	C(2)	试题编号
	tg	C(70)	试题题干
	da	C(70)	试题答案
	course_id *	C(2)	试题所在课程编号
	chapter_id *	C(2)	试题所在章编号
	section_id *	C(2)	试题所在节编号
	knowledge_id *	C(2)	试题所在知识点编号
讨论记录表 (discuss)	id *	I	自动编号
	course_id	C(2)	讨论所在课程编号
	username	C(12)	讨论发起人用户名
	phone	C(18)	讨论发起人移动设备号码
	content	C(70)	讨论内容
	time	T	讨论发起时间
测试记录表 (ks)	id *	I	自动编号
	st_id	C(2)	试题编号
	tg	C(70)	试题题干
	da	C(70)	试题答案
	course_id	C(2)	试题所在课程编号
	chapter_id	C(2)	试题所在章编号

续表 6.1

测试记录表（ks）	section_id	C(2)	试题所在节编号
	knowledge_id	C(2)	试题所在知识点编号
	username	C(12)	测试人用户名
	phone	C(18)	测试人移动设备号码
	pc	I	测试人测试批次（新开始的测试为一个新批次，该值更新，每个批次的测试都可能包含若干条试题）
	pass	C(1)	取 0,1,2,3 分别表示准备测试、正在测试、解答错误和解答正确

6.8　系统的开发环境

1. 服务器端

本系统服务器选取 Windows 2000 Server ＋ Apache Tomcat 4.0 ＋ JDK1.4 作为服务器端的开发平台。Windows 2000 Server 实现了操作系统与应用程序、网络、通信和基础设施服务之间的良好集成。Apache Tomcat 4.0 是 Web 服务器，且能很好地支持 JSP 程序。JDK1.4 是 Java 开发工具包。与服务器串口连接的是西门子 3508i 手机，与服务器红外连接的是 Nokia 8850 手机。

2. 客户端

客户端采用 IE 浏览器或任何可以收发短消息的移动设备，如智能手机、PDA 等。

3. 数据库

本系统使用数据库 Microsoft Access，它界面友好、简单易用，上手非常容易，适合于小型系统的数据库开发。而且，Access 与 Microsoft Windows 2000 兼容性好，与 Office 系列软件有极大的相似之处。当然对于数据庞大、数据安全性要求高的系统，Access 并不是一个很好的选择，Access 比起 SQL Server 而言，总体的安全性能要差。不过 Access 数据库转换成 SQL Server 非常容易，SQL Server 提供了导入 Access 数据库的入口，以后只要有需要，可以把本系统的数据库直接导入到 SQL Server 中，在程序中修改数据库连接代码即可完成数据库的转换。

6.9 系统实现的关键算法和程序

6.9.1 系统设置模块的实现

系统设置模块能够自动检测手机所连接的串口号，读取手机内的短消息服务中心号码，识别手机的品牌和型号，并完成串口参数的设置。管理员也可以手动设置串口号、短消息中心号码、串口参数等。如果是手动设置，设置的串口号和手机实际连接的串口必须一致，短消息中心号码和手机 SIM 卡内的短消息中心号码一致，否则无法正常发送和接收短消息。自动检测功能的处理算法如下：

设置串口号 i = 1；

发送测试连通指令 AT，如果手机应答为"OK"，则发送短消息中心查询指令 AT + CSCA？，取得短消息服务中心号码为 num，设置串口号为 i，设置短消息服务中心号码为 num，设置连接标志为 True，执行结束；否则，设置串口号为 i = i + 1，此时，如果串口号 i > 4，则设置连接标志为 False，执行结束，否则继续执行 2。

自动检测功能程序流程如图 6.6 所示。

第 6 章 基于短消息的移动学习系统的设计与实现

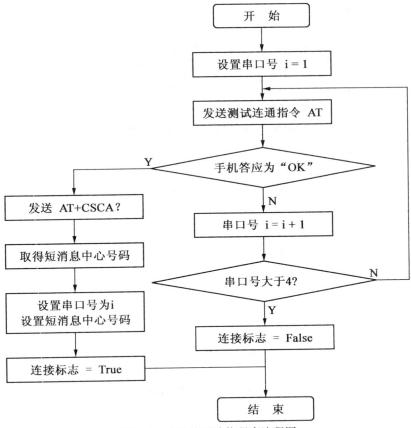

图 6.6 自动检测功能程序流程图

6.9.2 程序与数据库的连接

要在程序中经常访问数据库,为了使用方便,我们编写了一个专门用来访问数据库的类 DBConn,通过这个类我们可以很容易完成对数据库的安全操作。

```
package smspack;
import java.io.PrintStream;
import java.sql.*;
```

```java
public class DBconn
{
    String sDBDriver;//数据库驱动程序
    String sConnStr;//数据库连接字符串
    Connection conn;//数据库连接对象
    ResultSet rs;//操作结果集
//构造函数,用于建立数据源,打开数据库
    public DBconn()
    {
        sDBDriver = "sun.jdbc.odbc.JdbcOdbcDriver";
        //设置系统使用数据库的Odbc数据源为MLDB,指
            向数据库ydxx_db.mdb
        sConnStr = "jdbc:odbc:MLDB";
        conn = null;
        rs = null;
        try
        {
            Class.forName(sDBDriver);
        }
    catch(ClassNotFoundException classnotfoundexception)
    {
            System.err.println("加载JDBC驱动出现异常,异常信息:"
        + classnotfoundexception.getMessage());
        }
    }
//执行数据的插入操作
    public int executeInsert(String s)
    {
        int i = 0;
```

```java
        try
    {
            conn = DriverManager.getConnection(sConnStr);
            Statement statement = conn.createStatement();
            i = statement.executeUpdate(s);
        }
    catch(SQLException sqlexception)
    {
            System.err.println("执行 SQL 插入语句出现异常,异常信息:"
    + sqlexception.getMessage());
        }
        return i;
    }
    //执行数据的查询操作
    public ResultSet executeQuery(String s)
    {
        rs = null;
        try
    {
            conn = DriverManager.getConnection(sConnStr);
            Statement statement = conn.createStatement();
            rs = statement.executeQuery(s);
        }
    catch(SQLException sqlexception)
    {
            System.err.println("执行 SQL 查询语句出现异常,异常信息:"
    + sqlexception.getMessage());
        }
```

```java
        return rs;
    }
    //执行数据的删除操作
    public int executeDelete(String s)
    {
        int i = 0;
        try
        {
            conn = DriverManager.getConnection(sConnStr);
            Statement statement = conn.createStatement();
            i = statement.executeUpdate(s);
        }
        catch(SQLException sqlexception)
        {
            System.err.println("执行 SQL 删除语句出现异常,异常信息:"
                + sqlexception.getMessage());
        }
        return i;
    }
    //执行数据的更新操作
    public int executeUpdate(String s)
    {
        int i = 0;
        try
        {
            conn = DriverManager.getConnection(sConnStr);
            Statement statement = conn.createStatement();
            i = statement.executeUpdate(s);
        }
```

```
        catch(SQLException sqlexception)
        {
                System. err. println("执行 SQL 更新语句出现异常,异常信息:"
    + sqlexception. getMessage( ));
            }
        return i;
    }
//关闭数据库,释放所占用的资源
    public void close( )
    {
            conn = null;
            rs = null;
    }
}
```

6.9.3 学生发送短消息的接收和处理

学生随时随地可以发送特定格式的短消息给系统,请求系统提供相应的服务。系统的短消息监听功能模块会定时(每间隔60 s)不间断地扫描与服务器串口连接的无线终端设备,如果有新接收到的短消息,则把它们都读入到缓冲区中,并立即进行处理。处理的算法如下:

首先从缓冲区中取出第一条新的短消息,对它进行分解,分离出相应的命令字和参数列表。

判断是否是合法的命令字,如果不是,发送系统使用帮助给该学生。

如果是合法的命令,则转向相应的命令字处理函数进行处理。

从缓冲区中取出下一条新的短消息进行处理,直到缓冲区中所有新的短消息都被处理完为止。

系统监听模块程序结构如图6.7所示。

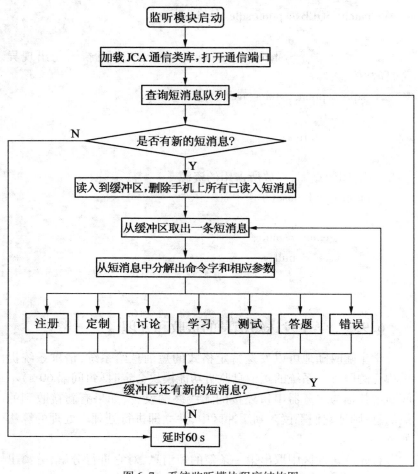

图 6.7 系统监听模块程序结构图

对于学生短消息指令的处理,我们是通过设计 SMSMonitor 类的 deal( )方法来完成:

public void deal(Vector Vec) // Vec 为存放短消息的缓冲区
{
//SMSMonitor 类中用来存放当前短消息的发送者通信设备号码
number = "";

```
// SMSMonitor 类中用来存放当前短消息的内容
content = "";
for( int i = 0 ; I < Vec. size( ) ; i + + )
{
  String str = (String)Vec. get(i); //取出第 i 条短消息
  StringTokenizer st = new StringTokenizer( str ," # " );
  while( st. hasMoreTokens( ) )
  {
    number = st. nextToken( );
    System. out. println( " number = " + number);
    content = st. nextToken( );
    System. out. println( " content = " + content);
    number = number. trim( );
    content = (content. trim( ));
    String id = content. substring(0, 2);
    id. toLowerCase( ); // 分解短消息,取出命令字
    System. out. println( id);
    if( id. equals( " zc " ))
    {
      zc( );   //SMSMonitor 类中函数成员,用于注册命令处理
    }
    else if( id. equals( " dz " ))
    {
      dz( ); // SMSMonitor 类中函数成员,用于定制命令处理
    }
    else if( id. equals( " tl " ))
    {
      tl( ); // SMSMonitor 类中函数成员,用于讨论命令处理
    }
    else if( id. equals( " xx " ))
```

```
        {
            xx();  // SMSMonitor 类中函数成员,用于自主学习命令处理
        }
        else if( id. equals( "ks" ) )
        {
            ks();  // SMSMonitor 类中函数成员,用于测试命令处理
        }
        else if( id. equals( "ksa" ) )
        {
            ksa();  // SMSMonitor 类中函数成员,用于答题命令处理
        }
        else
        {
            error();  // SMSMonitor 类中函数成员,用于错误处理
        }
    }
}
```

下面,我们在给出定制命令的处理算法及实现代码,其他命令的处理过程与方法和该命令的处理基本相同或相似,在这里就不一一叙述了。

定制命令的格式为:dz 课程名|课程编号［频度］［次数］

命令说明:其中 dz 为命令字,课程名(或者课程编号)是必须要有的该命令的第一个参数,频度和次数分别为可选的该命令的第二个和第三个参数,它们可以被缺省,如果被缺省,默认值分别为 5 和 3。下面给出定制命令的处理算法:

(1)查询 student 表,如果手机号不在 student 表中,服务器回短消息,内容为:"您目前还没有注册!注册的格式为:zc 您的昵称。"

(2)如果服务器接收为 dz ,服务器回短消息,内容为:"定制的正确格式为:dz 课程名|课程编号［频度］［次数］。"查询 course 表,服

务器回短消息返回所有课程列表,内容为:"开设课程列表:课程编号1-课程名1;课程编号2-课程名2;…;课程编号n-课程名n。"

(3)如果服务器接收为 dz XX [Y][Z],服务器查询 course 表,如果 XX 为 course 表中的某条记录(课程名或课程编号为 XX),服务器回短消息,内容为:"课程定制成功,欢迎您开始学习课程编号-课程名。每天学习 Y 次,每次学 Z 个知识点。"同时更新 student 表中的该条记录,主要更新 course_id,frequency,number 的值,frequency 的缺省值为 3,number 的缺省值为 3,如果[Y]或[Z]不是整数,则 frequency,number 取缺省值,frequency 的最大值为 5,number 的最大值为 5,超过最大值则按最大值算。如果 XX 不是 course 表中的某条记录(课程名或课程编号不为 XX),服务器回短消息,内容为:"您定制的课程不存在!"查询 course 表,服务器回短消息返回所有课程列表,内容为:"开设课程列表:课程编号1-课程名1;课程编号2-课程名2;…;课程编号n-课程名n。"处理结束。

程序实现代码如下,涉及 SMSMonitor 类中 4 个静态函数。dz( ),用于处理定制命令;pre_dz( ),用于定制命令的格式验证,由 dz( )调用;Vector v_spilt(String c),用于分解短消息命令,返回分解后用于存储的短消息命令各组成部分(命令字和各参数列表)的向量对象;String course_list( ),用于返回目前系统所有已开设的课程列表,形式为:"开设课程列表:课程编号1-课程名1;课程编号2-课程名2;…;课程编号n-课程名n。"

```
public void dz( )
{
    message = "";
    try
    {
        sql ='select * from student where phone ='" + number +"';
    rs = conn.executeQuery(sql);
    if (rs.next( ))
```

```
        }
            pre_dz();//课程定制格式验证
        }
        else
        {
            message = "您目前还没有注册！注册的格式为:zc 您的昵称.";
        }
    }
        catch(Exception e)
        {
            System.out.println("错误信息:" + e.getMessage());
        }
        sendsms(number,message);//发送短消息
}

    public void pre_dz()
    {
        Vector v_spilt = v_spilt(content);
        int frequency = 3;
        int num = 3;
        if(v_spilt.size() == 1)
        {
            message = "定制的正确格式为:dz  课程名|课程编号 [频度] [次数].";
            course_list();
        }
        else
        {
            if(v_spilt.size() == 4)
```

```
        {
        frequency = (int)Math.ceil(Integer.parseInt((String)v_spilt.
get(2)));
        if(frequency! =0 && frequency >5)
        {
        frequency = 5;
        }
        num = (int)Math.ceil(Integer.parseInt((String)v_spilt.get
(3)));
        if(num! =0 && num >5)
        {
        num = 5;
        }
        sql = " select * from course where course_id = '" + v_spilt.get
(1) +"'";
        try
        {
        rs = conn.executeQuery(sql);
        if(rs.next())
        {
            String course_id = rs.getString("course_id");
            String course_name = rs.getString("course_name");
            sql = " update student set course_id = '" + course_id + "',fre-
quency = " +
            frequency + ",numbers = " + num + " where phone = '" + number
+ "'";
                conn.executeUpdate(sql);
            message = " 课程定制成功,欢迎您开始学习" + course_id
+ " - " +
            course_name +"。每天学习" + frequency + "次,每次学" + num
```

```
        + "个知识点。";
        }
        else
        {
        message = "您定制的课程不存在";
        course_list( );
        }
        }
        catch( Exception e)
        {
        System. out. println( e. getMessage( ) );
        }
        }
        else
        {
        message = "注意,请正确输入!";
        }
            }
        }


    public Vector v_spilt( String c)
    {
    Vector v_spilt = new Vector( );
    int s = 0;
    int i;
    // content 中存储的字符串为接收到待处理的命令短消息,命令
短消息中命令字和各参数使用空格符分离,分离后依次存入向量
v_spilt中。
    for( i = 0;i < content. length( );i + + )
    {
```

```
        if( i > 0 && ! Character. isSpaceChar( content. charAt( i - 1 ) )
   && Character. isSpaceChar( content. charAt( i ) ) )
       {
       v_spilt. add( ( content. substring( s,i ) ). trim( ) );
       }
        if( i > 0 && ! Character. isSpaceChar( content. charAt( i ) )
   && Character. isSpaceChar( content. charAt( i - 1 ) ) )
       {
       s = i;
       }
   }
   v_spilt. add( ( content. substring( s,i ) ). trim( ) );
   return v_spilt;
   }


   public String    course_list( )
   {
       //检索所有已经开设的课程
   sql = "select * from course";
       try
       {
       rs = conn. executeQuery( sql );
       if ( rs. next ( ) )
       {
       message = message + "开设课程列表:";
       message = message + rs. getString ( "course_id" ) + " - " + rs.
getString( "course_name" );
       while( rs. next( ) )
       {
       message = message + rs. getString ( "course_id" ) + " - " + rs.
```

```
            getString("course_name");
            }
        }
        else
        {
            message = message + "抱歉!还没有开设课程。";
        }
    }
    catch(Exception e)
    {
        System.out.println(e.getMessage());
    }
        return message ;
}
```

6.9.4 教师空间的实现

教师空间是教师和系统交互的界面,由于教师既要维护所开设课程的内容资源,又要指导所有学生学习,需要处理的信息量比较大,如果仅通过移动设备来完成几乎是不太可能的,效率也很难保证。因此,我们构建了 Web 服务器,教师可以在任何地方,通过连接到服务器网站,来完成上面的任务。

教师输入系统的服务器网址以后,以教师的身份进行申请注册,然后可以登录系统,开设新课,维护课程内容,指导选课学生,参加学生讨论,回答学生提问。

该部分使用 JSP 完成,主要 JSP 文件及相关功能如下:

logon_teacher.htm　教师登录页面,通过提交 logon_teacher.jsp 进行处理。

logon_teacher.jsp　处理教师登录。

register_teacher.htm　教师注册页面,通过提交 register_teacher.jsp 进行处理。

register_teacher.jsp 处理教师注册。

update_teacher.jsp 教师注册信息更新,通过提交 register_teacher.jsp 进行更新。

condition.jsp 欢迎信息页,显示登录教师的基本信息,可调用 update_teacher.jsp,完成教师注册信息更新。

message.jsp 知识内容层次信息,用于显示章、节、知识点、试题的分层次完整信息字符串。

page.jsp 分页管理,信息条数多时,控制分页显示。

course.jsp 课程列表页,系统已开设课程列表。

entry_course.jsp 课程管理页面,对课程信息进行管理,通过调用 insert.jsp,update.jsp,delete.jsp,完成课程信息的添加、修改和删除。

chapter.jsp 章列表页,指定课程中所有章的信息列表。

entry_chapter.jsp 章管理页面,对指定课程中所有章的信息进行管理,通过调用 insert.jsp,update.jsp,delete.jsp,完成章信息的添加、修改和删除。

section.jsp 节列表页,指定课程指定章中所有节的信息列表。

entry_section.jsp 节管理页面,对指定课程指定章中所有节的信息进行管理,通过调用 insert.jsp,update.jsp,delete.jsp,完成节信息的添加、修改和删除。

knowledge.jsp 知识点列表页,指定课程指定章指定节中所有知识点的信息列表。

entry_ knowledge.jsp 知识点管理页面,对指定课程指定章指定节中所有知识点的信息进行管理,通过调用 insert.jsp,update.jsp,delete.jsp,完成知识点信息的添加、修改和删除。

st.jsp 试题列表页,指定课程指定章指定节指定知识点中所有试题的列表信息。

entry_ st.jsp 试题管理页面,对指定课程指定章指定节指定知识点中所有试题的信息进行管理,通过调用 insert.jsp,update.jsp,delete.jsp,完成试题信息的添加、修改和删除。

insert.jsp 插入数据,在指定表(course,chapter,section,knowledge,st)中插入一条数据。

update. jsp 修改数据,修改指定表(course,chapter,section,knowledge,st)中的某条数据。

delete. jsp 删除数据,删除指定表(course,chapter,section,knowledge,st)中的某条数据。

其中,insert. jsp,update. jsp,delete. jsp 中处理比较复杂,下面列出 insert. jsp 的程序代码,并给出较详细说明。update. jsp,delete. jsp 中的处理和 insert. jsp 的设计思想、处理方法基本类似。

```
<! DOCTYPE HTML PUBLIC " -//W3C//DTD HTML 4.0 Transitional//EN" >
<%@ page contentType = "text/html;charset = GB2312 "% >
<%@ page language = "java" import = "java. sql. * "% >
//在 JSP 中使用我们前面编写的 Dbconn 类,用来进行对数据库的操作。
<jsp:useBean id = "DbOp" scope = "page" class = "smspack. DBconn" />
<%
String SQL = "";
ResultSet resultSet = null;
String nums = "";
String course_id = "";    // 课程编号,C(2)
String chapter_id = "";   // 章编号,C(2)
String section_id = "";   // 节编号,C(2)
String knowledge_id = ""; // 知识点编号,C(2)
String list_value = "";   // 具体编号,C(2)
String list_sign = "";    // 编号前缀,可以是 C(2)、C(4)、C(6)等
String list = request.getParameter("list");  // 获取待处理表的名称
// 获取编号全名,比如 0302010401 表示第 03 门课程的第 02 章
```

的第 01 节的第 04 个知识点的第 01 道试题;再如 020103 表示第 02 门课程的第 01 章的第 03 节。

```
String id = request.getParameter("id");
String list_id = list + "_id";    // 待处理表的字段名称
String jsp = list + ".jsp";    // 执行完毕后,提交处理页面的名称
//获取用户输入的内容
String entry_name = new String(request.getParameter("entry_name")
    .getBytes("ISO-8859-1"),"GB2321");//entry_name
String entry_content = new String(request.getParameter("entry_content")
    .getBytes("ISO-8859-1"),"GBK");//entry_content
String message = "";
try
{
if(list.equals("st"))    // 插入试题
    {
    course_id = id.substring(0,2);
    chapter_id = id.substring(2,4);
    section_id = id.substring(4,6);
    knowledge_id = id.substring(6,8);
    SQL = "select max(" + list_id + ") as num from " + list + " where knowledge_id = '" + knowledge_id + "' and section_id = '" + section_id + "' and chapter_id = '" + chapter_id + "' and course_id = '" + course_id + "'";
    resultSet = DbOp.executeQuery(SQL);
    resultSet.next();
    int num = resultSet.getInt("num");    // 生成新编号,已有编号最大值加一
    num = num + 1;
```

```
if(num < 10)  // 转换成 C(2)的编号
{
nums = "0" + num;
}
else
{
 nums = num + "";
}
SQL = "insert into " + list + " values('" + nums + "','" + entry_name + "','" + entry_content + "','" + knowledge_id + "','" + section_id + "','" + chapter_id + "','" + course_id + "')";
list_value = knowledge_id;//list_id;
list_sign = course_id + chapter_id + section_id;//id;
}
else if(list.equals("knowledge"))  // 插入知识点
{
course_id = id.substring(0,2);
chapter_id = id.substring(2,4);
section_id = id.substring(4,6);
SQL = "select max(" + list_id + ") as num from " + list + " where section_id='" + section_id + "' and chapter_id='" + chapter_id + "' and course_id='" + course_id + "'";
resultSet = DbOp.executeQuery(SQL);
resultSet.next();
int num = resultSet.getInt("num");
num = num + 1;
if(num < 10)
{
nums = "0" + num;
}
```

```
            else
            {
            nums = num + "";
            }
        SQL = "insert into " + list + " values('" + nums + "','" + entry_
name + "','" + entry_content + "','" + section_id + "','" + chapter_id + "
','" + course_id + "')";
            list_value = section_id;//list_id;
            list_sign = course_id + chapter_id;//id;
                }
            else  if(list.equals("section"))  // 插入节
                    {
                    course_id = id.substring(0,2);
                    SQL = "select max(" + list_id + ") as num from " +
list + " where chapter_id = '" + chapter_id + "' and course_id = '" +
course_id + "'";
            resultSet = DbOp.executeQuery(SQL);
                    resultSet.next();
                    int num = resultSet.getInt("num");
                    num = num + 1;
                    if (num < 10)
                    {
                    nums = "0" + num;
                    }
                    else
                    {
                        nums = num + "";
                    }
            SQL = "insert into " + list + " values('" + nums + "','" + entry_
name + "','" + entry_content + "','" + chapter_id + "','" + course_id + "
```

```
')";//
        list_value = chapter_id;//list_id;
        list_sign = course_id;//id;
            }
        else  if(list.equals("chapter"))  // 插入章
            {
            course_id = id.substring(0,2);
            SQL = "select max(" + list_id + ") as num from " + list + " where course_id='" + course_id + "'";
            resultSet = DbOp.executeQuery(SQL);
            resultSet.next();
            int num = resultSet.getInt("num");
            num = num + 1;
            if  (num < 10)
            {
              nums = "0" + num;
            }
            else
            {
              nums = num + "";
            }
            SQL = "insert into " + list + " values('" + nums + "','" + entry_name + "','" + entry_content + "','" + course_id + "')";//
            list_value = course_id;
                }
            else  // 插入课程
                {
            SQL = "select max(" + list_id + ") as num from " + list + " ";
            resultSet = DbOp.executeQuery(SQL);
```

```
                resultSet.next();
                int num = resultSet.getInt("num");
                num = num + 1;
                if(num < 10)
                {
                nums = "0" + num;
                }
                 else
                {
                nums = num + "";
                }
                SQL = "insert into " + list + " values('" + nums
+ "','" + entry_name + "','" + entry_content + "','" + session.getAt-
tribute("thename") + "')";//
                }
                DbOp.executeInsert(SQL);    // 执行插入操作
    message = "插入数据成功!";
            }
            catch(Exception e)
            {
    message = "插入数据失败!";
    System.out.println("insert ---->error:" + e.getMessage());
            }
%>
<html>
<head>  <title>更新</title>   </head>
<script language = "javascript">
    function init()
    {
    document.insertForm.submit();
```

}
</script>
<body onload = "init()"> //自动调用 init(),进行页面提交
  <form name = "insertForm" action = "<% = jsp%>" method = "post">
    <input type = "hidden" name = "message" value = "<% = message%>">
    <input type = "hidden" name = "list_id" value = "<% = list_value%>">
    <input type = "hidden" name = "id" value = "<% = list_sign%>">
  </form>
</body>
</html>

6.9.5 教师空间的功能界面

部分程序的界面如图 6.8 至图 6.13 所示。

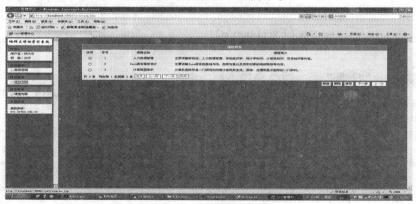

图 6.8 课程管理页面

第6章 基于短消息的移动学习系统的设计与实现

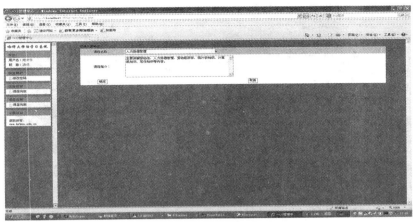

图6.9 课程信息修改页面

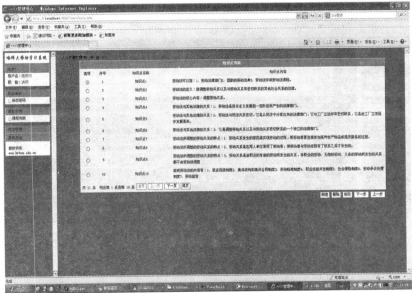

图6.10 课程知识点管理页面

· 101 ·

图 6.11 课堂管理页面

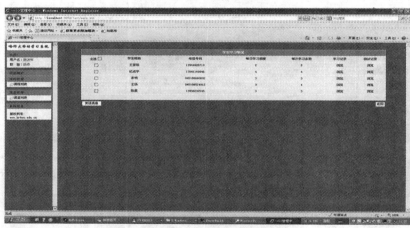

图 6.12 学生学习情况页面

第6章 基于短消息的移动学习系统的设计与实现

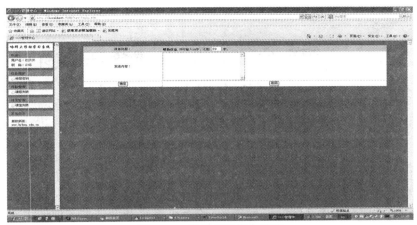

图6.13 教师指导学生页面

第 7 章 基于 Android 的移动学习系统的设计与实现

在移动市场上占据主导的操作系统有 Android 和 iOS,这两个操作系统引领着手机系统开发的潮流,吸引了广大开发者的争相关注和加入,很多从事其他语言或是相关语言开发的人员纷纷转行加入到了这两个操作系统的开发狂潮,给手机系统开发带来了前所未有的改革。Android 手机操作平台是 Google 为移动终端量身定做的第一个真正开源和完整的移动手机平台。其系统的开源性及自身所具备的各种特性,为移动学习平台的设计和开发提供了强大的支持。选择 Android 系统作为移动学习的开发平台,有着广阔的应用前景。

7.1 系统体系结构

7.1.1 基于 Android 的移动学习平台的设计原则

基于 Android 的移动学习平台在系统的设计过程中要遵循可扩展性、可行性、实用性和安全性等原则。

(1)可扩展性原则:要求全面分析发展前景,在充分考虑现时功能需求的同时,为系统的内容扩展性、功能扩展性、开放接口扩展性留有充分余地。

(2)可行性原则:要求利用现有技术和课程资源,实现移动学习平台的基本功能,同时能够将 Web 平台的学习资源和学习功能迁移到移动学习平台之上,使二者能够相互补充。

(3)实用性原则:要求在系统的设计过程中把满足用户需求作为

第一要素进行考虑;功能及界面设计应当以人为本,操作简便实用、界面简洁大方;能充分利用现有技术使现有资源得到有效利用。

(4)安全性原则:要求系统在设计过程中充分考虑到信息的安全问题,保证资源和用户隐私信息不被他人非法窃取、篡改,以保护知识产权和用户隐私。

7.1.2 移动学习系统的研究路线

移动学习系统建设分为3个层次:移动学习系统硬件环境、移动学习系统软件环境和移动学习系统服务环境。硬件环境包含两个要素:网络与终端;软件环境包括平台与资源;服务环境重点考虑服务教师与学生。同时,也从两条不同路线驱动各层次研究:以服务为驱动的设计路线和以技术为驱动的设计路线。移动学习系统的研究路线图如图7.1所示。

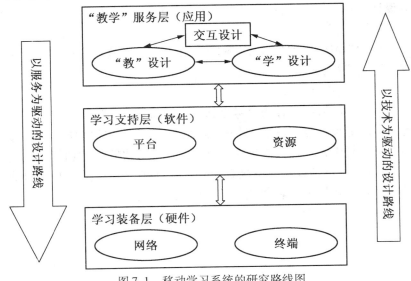

图7.1 移动学习系统的研究路线图

以服务为驱动的设计路线是基于现代服务理论,使我们能够更深刻地理解远程教育的实质——远程教育就是教育服务。以现代服务理论为指导思想,为学习者提供更加便捷的教育。如今,学习支持服务已发展成为现代远程教育的核心。

以技术为驱动的设计路线是必然的,移动学习服务是要建立在技术之上,技术是基础。以技术为驱动,应当考虑寻找技术和教育服务(基于移动技术的教育服务方式)的切合点,要利用技术更好地促进和完善移动教育服务。

"服务"与"技术"也是相辅相成的。教育和服务理念要通过平台的功能来实现,教育服务质量与效率很大程度上依赖平台本身的研发水平。因此,软件架构与布局具有重要意义。"技术"的选用取决于"服务","技术"又支撑"服务"。

7.1.3 系统的设计过程

设计过程包括两个阶段:前期分析和设计阶段。通过完成分析和设计的相关工作,为移动学习系统成功开发奠定基础。

阶段一:前期分析

移动学习研究理论较多,阶段一的主要工作就是分析移动学习理论研究成果,如图7.2所示。

阶段二:设计阶段

移动学习系统设计需要考虑移动学习特性,分别确定相应功能。此阶段功能设计强弱体现"服务"水平,平台架构好坏体现"技术"水平。系统是由元素及其之间关系组成,对应到软件就是功能和功能之间的组织,这是软件的系统观。因此软件平台架构(结构)设计直接关系到平台的运行能力、平台的稳定性和平台的可扩展性等。

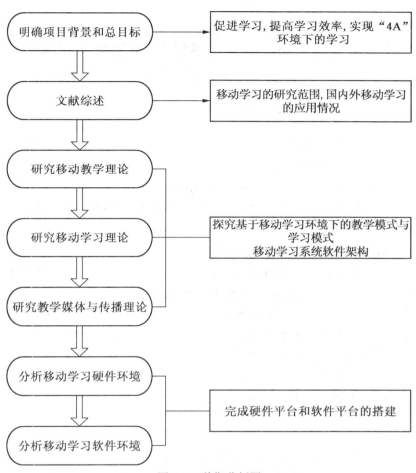

图 7.2 前期分析图

7.2 基于 Andriod 的移动学习系统的实现

7.2.1 开发环境

1. 系统开发环境

(1)开发语言:Java。

(2)操作系统平台:Microsoft Windows。

(3)开发工具:Eclipse 4.3,ADT(Android Develop Toolkit)22.3,JDK1.7。

2. Android 开发环境搭建

Google 公司推荐的 Android 开发环境是 Eclipse + ADT。除了这两个工具外,还必须安装一些其他的 SDK,并在 Eclipse 中进行设置。建议读者尽可能使用最新版本的 SDK 和开发工具。搭建 Android 开发环境必需的工具和 SDK 如下:

(1)JDK(java development kit)。

(2)Eclipse。

(3)Android SDK。

(4)ADT。

(5)Android NDK。

尽管 Android 采用 Linux 作为操作系统的内核,但是基于 Android SDK 上的应用是全部采用 Java 语言来开发的,并运行在 Dalvik 虚拟机中,所以熟练地掌握 Java 语言是开发 Android 应用的基础。

3. 配置

(1) 安装 JDK。

读者可以在 http://www.oracle.com/technetwork/java/javase/downloads/index.html 下载 JDK 的最新版本(图 7.3),版本包括:JDK 5 和 JDK6。与此同时我们还必须下载最新版本的 JDK Standard

Edition。接下来按照安装向导进行操作即可。JDK 下载界面如图 7.3 所示。

图 7.3 JDK 下载界面

在图 7.4 所示的界面中,选择左上角的"Accept License Agreement"单选按钮即可进入下载选择界面,选择下载相应的平台上的 JDK。对于 Java SE 6 来说,并未直接提供 Mac OS X 下载的安装包,因此使用 Mac OS X 进行 Android 开发的读者需要使用 Mac OS X 本身的更新来安装 JDK。但在 Java SE 7 的下载页面中直接提供了 Mac OS X 平台的 JDK 安装包。读者也可直接下载该文件安装。

(2) 安装配置 Eclipse 开发环境。

多数的开发人员使用流行的 Eclipse 集成开发环境进行 Android 的开发,Eclipse 是一款开源的集成开发环境,它能够极大地提高开发应用的效率。最重要的是它提供了丰富的插件来帮助我们开发 Android 应用。可以到 http://www.eclipse.org/downloads 下载 Eclipse 的最新版本。完成 JDK 的安装和配置后,只要直接将 Eclipse 压缩包解压,并执行 eclipse.exe 文件就可以运行 Eclipse 了,Eclipse 主界面如图 7.5 所示。二者在 Windows,Mac 和 Linux 操作系统下均可使用。

Java SE Development Kit 8u5		
You must accept the Oracle Binary Code License Agreement for Java SE to download this software.		
○ Accept License Agreement　　◉ Decline License Agreement		
Product / File Description	File Size	Download
Linux x86	133.58 MB	jdk-8u5-linux-i586.rpm
Linux x86	152.5 MB	jdk-8u5-linux-i586.tar.gz
Linux x64	133.87 MB	jdk-8u5-linux-x64.rpm
Linux x64	151.64 MB	jdk-8u5-linux-x64.tar.gz
Mac OS X x64	207.79 MB	jdk-8u5-macosx-x64.dmg
Solaris SPARC 64-bit (SVR4 package)	135.68 MB	jdk-8u5-solaris-sparcv9.tar.Z
Solaris SPARC 64-bit	95.54 MB	jdk-8u5-solaris-sparcv9.tar.gz
Solaris x64 (SVR4 package)	135.9 MB	jdk-8u5-solaris-x64.tar.Z
Solaris x64	93.19 MB	jdk-8u5-solaris-x64.tar.gz
Windows x86	151.71 MB	jdk-8u5-windows-i586.exe
Windows x64	155.18 MB	jdk-8u5-windows-x64.exe
Java SE Development Kit 8u5 Demos and Samples Downloads		
Java SE Development Kit 8u5 Demos and Samples Downloads are released under the Oracle BSD License.		
Product / File Description	File Size	Download
Linux x86	52.66 MB	jdk-8u5-linux-i586-demos.rpm
Linux x86	52.65 MB	jdk-8u5-linux-i586-demos.tar.gz
Linux x64	52.72 MB	jdk-8u5-linux-x64-demos.rpm
Linux x64	52.7 MB	jdk-8u5-linux-x64-demos.tar.gz

图 7.4　选择界面

图 7.5　Eclipse 主界面

在不同的操作系统下,Eclipse 的安装有不同的需要,例如在 Windows 操作系统下完整安装 Eclipse 环境需要大约 400 MB 磁盘空间,而其压缩需要 175 MB。

第7章 基于Android的移动学习系统的设计与实现

为了使Eclipse更符合自己的要求,还可以对其进行一些配置:
①改变默认的Java编辑器字体;
②显示行号;
③修改Java的默认代码格式;
④使Java编辑器更智能。
(3)安装Android软件开发包(SDK)。

Android SDK 是在线安装的(下载地址 http://www.android.com),网站界面如图7.6所示。进入网站后会显示如图7.7所示的下载界面,我们可以看到Android的最新版本并可点击了解。点击Android SDK选项,弹出如图7.8所示的SDK主的界面,直接点击下载SDK(默认的是Windows 32下的开发包),再点击按钮的同时我们也将ADT下载完成,ADT(Android develop tools)主要是针对Android开发的插件,即打包好的工具集。

图7.6 网站界面

Android Studio 不是基于 Linux 的而是 IntellJ IDEA。安装SDK时我们可以看到所有从网上直接下载的安装包实际上是一个空壳,下载后在Android SDK安装目录有一个SDK Manager.exe文件,它用来帮助我们下载不同版本的SDK。需要哪个版本直接选择点击下载即可,界面如图7.8所示。

Get the Android SDK

The Android SDK provides you the API libraries and developer tools necessary to build, test, and debug apps for Android.

If you're a new Android developer, we recommend you download the ADT Bundle to quickly start developing apps. It includes the essential Android SDK components and a version of the Eclipse IDE with built-in **ADT (Android Developer Tools)** to streamline your Android app development.

With a single download, the ADT Bundle includes everything you need to begin developing apps:

- Eclipse + ADT plugin
- Android SDK Tools
- Android Platform-tools
- The latest Android platform
- The latest Android system image for the emulator

Android Studio Early Access Preview

A new Android development environment called Android Studio, based on IntelliJ IDEA, is now available as an **early access preview**. For more information, see Getting Started with Android Studio.

Download the SDK
ADT Bundle for Windows

图 7.7 下载界面

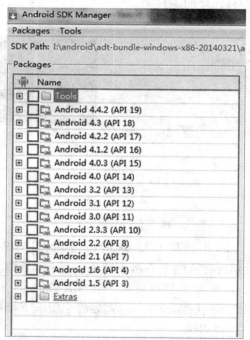

图 7.8 SDK 主界面

第 7 章 基于 Android 的移动学习系统的设计与实现

界面主要包括 3 部分:一部分是从 Google 公司的官网上获取 Android SDK 目前支持的 Android 版本安装包列表,另一部分 Tools 是 SDK 所需要开发的工具,Extras 是可用扩展工具,因此在启动该程序之前需要有快速和稳定的 Internet 链接。读者可以从如图 7.9 所示的这个列表中选择相应的 Android 版本。然后单击界面右下方的"Install packages"按钮进行安装,安装过程仍然需要链接 Internet。

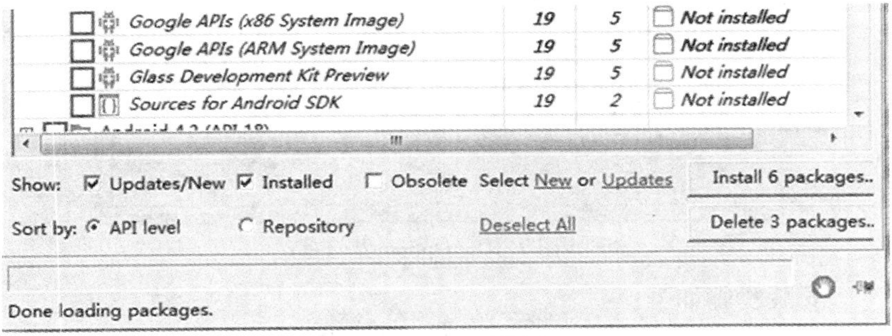

图 7.9 选择安装界面

选中 Accept,单击 Install 安装。最后选择安装一个 Android 版本。这里需要读者注意的是,在下载过程中,由于我国的国情,Google 的网站链接是间断性的,所以会导致我们的下载失败,为了避免这样的事情发生,需要打开 SDKManager 打开 Tools→options,会出现如图 7.10 所示的界面,只需选中 Force http://... sources to be fetched using http://...,这样选中的资源就可以下载了。

若需安装的 Package 较多,则在线安装时间会比较长。为避免浪费更多的时间,读者可以从其他的机器上复制已经安装好的 Android SDK 到自己的机器上。建议在安装完本机后可将其备份,以备不时之需。

(4) 安装与配置 Android Eclipse 插件(ADT)。

ADT 是 Google 为 Android 开发者提供的 Eclipse 插件。可以从下面的网站地址获取在线安装 ADT 的 Url 或离线安装 ADT 的安装包下载地址。

http://androidappdocs.appspot.com/sdk/eclipse-adt.html

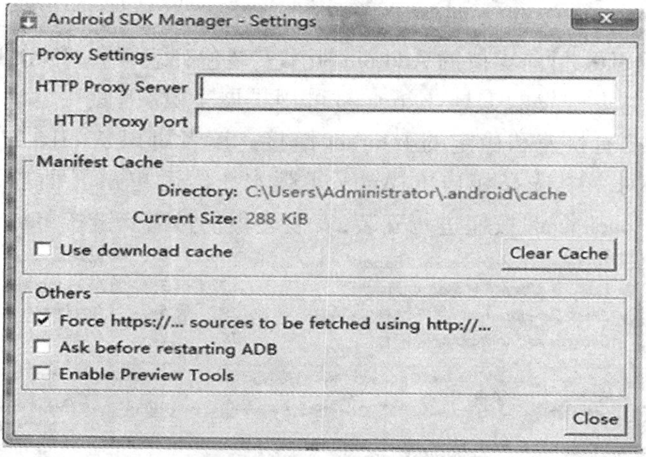

图 7.10　Option 界面

安装步骤如下：

如果在线安装 ADT，需要单击 help 按钮，如图 7.11 所示。然后单击"Install New Software"菜单项，打开"Install newsoftware"对话框，如图 7.12 所示。

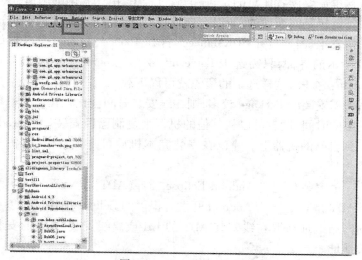

图 7.11　Java-ADT 界面

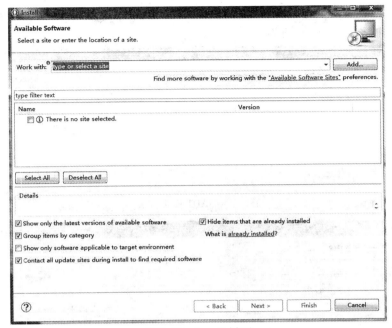

图 7.12　Install 界面

单击右侧的"Add"按钮弹出"Add Repository"对话框,如图 7.13 所示。

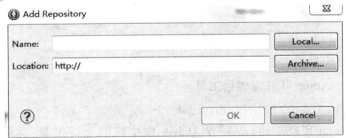

图 7.13　Add Repository

在"Name"文本框中输入 ADT(或其他与系统已有名字不重复的名称),在"Location"文本框中输入如下网站地址:Http://dl-ssl. google.com/android/eclipse/。然后单击"OK"按钮关闭"Add Repository"对话框,就会在"Install"对话框中(图7.14)显示 ADT 包含的安装列表,展开后如图7.15所示。

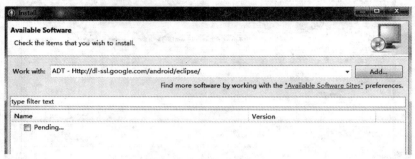

图 7.14 ADT 安装列表

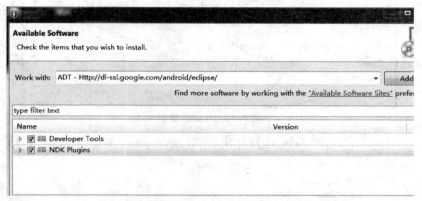

图 7.15 ADT 安装

选中后单击"Next"按钮,接下来按照提示进行安装即可。

4. Android 开发辅助工具

(1) Android 模拟器(Emulator)。

Android Emulator 是一个 Dalvik 虚拟机的运行工具,它可以像 Android 手机一样运行 Android 应用程序,使得开发出来的 Android 程序可以直接虚拟运行,而无需安装到手机上才能看到运行结果。而且还可以使用 Emulator 来进行网络测试,模拟各种信号状态、网络状态,也可以模拟发短信、打电话等。

(2) Dalvik 调试监控服务工具(Dalvik Debug Monitor Service, DDMS)。

DDMS 是 Dalvik 用于调试的监控服务工具,功能强大,通过它,可以得知程序运行的整个过程,也可以了解内存是如何使用如何分配的,堆和栈使用的状况。

(3) Android 调试桥(ADB)。

ADB 全称为 Android Debug Bridge,是 Android SDK 里的一个工具,用这个工具可以直接操作管理 Android 模拟器或者真实的 Android 设备。它也是一个客户端——服务器应用程序,它允许连接到任何 Android 的模拟器或设备。由 3 个组件组成,一个是在模拟器上运行的守护进程,一个是在开发硬件上的运行服务,以及通过服务来和守护进程进行通信的客户端程序(如 DDMS)。ADT 工具使很多与 ADB 常用的交互实现了自动化,从而简化了这些交互,包括程序的安装与更新、文件记录及文件输出(通过 DDMS 视图)。

7.2.2 总体功能设计与实现

1. 设计流程

移动学习平台的设计与实现需要经过需求分析、平台设计和平台实现 3 个阶段,其中平台的设计与实现是两条并行的阶段,其流程图如图 7.16 所示。

移动学习平台的设计主要包括服务器端的设计和客户端的设计。服务器端的设计主要包括架构设计、功能设计、基类设计、模块设计;客户端的设计主要包括功能设计、UI 设计、基类设计、模块设计。本章在服务器端的设计侧重于基类设计和模块设计,在客户端的设计侧重于功能设计和 UI 设计。

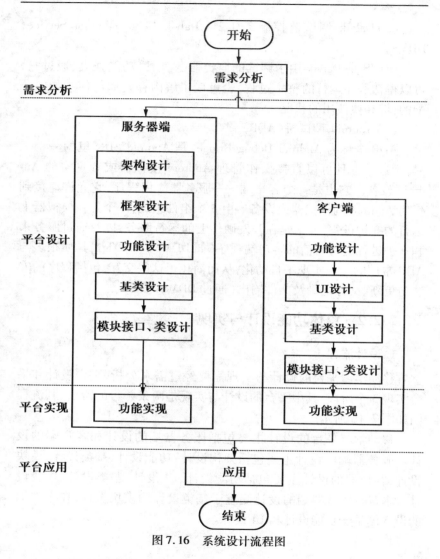

图 7.16 系统设计流程图

2. 系统总体设计

移动学习平台主要由学生模块、教师模块、管理员模块 3 个部分组成。各模块具体功能如图 7.17 所示。

第7章　基于Android的移动学习系统的设计与实现

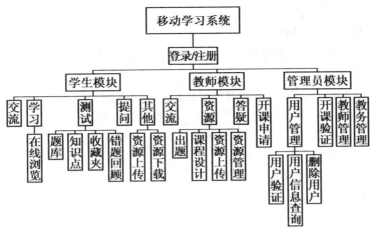

图 7.17　移动学习平台总体功能框架图

(1) 学生模块的主要功能。

①交流：本教室内部的成员(学生和教师)可进行一对一或多对多的在线交流，方便使用者就某一问题进行讨论与沟通。

②学习：可通过在线浏览功能在线学习教师上传的学习资料。

③测试：测试模块有知识点、题库、收藏夹、错题回顾等4个功能。

④提问：包括发布问题、回答问题、补充回答等功能。

⑤资源上传与下载：可从手机内存中上传文件到服务器，也可下载被上传到服务器的文件。

(2) 教师模块的主要功能。

①交流：与学生模块中的交流模块功能相同，可实现一对一或多对多交流的功能。

②资源：包括出题、课程设计、资源上传、资源管理等功能。出题功能与学生模块中的测试功能匹配；资源上传功能可实现上传学习资源到服务器。

③答疑：与学生模块的提问功能相对应，具有解答学生问题的功能。

· 119 ·

④开课申请:包括申请课程、设置教室等功能。

(3)管理员模块。

①用户管理:审批用户、查询并管理用户相关信息,删除不合法用户。

②开课验证(审核):对教师提出的开课申请进行审核。

③教师管理:可查看并删除过期的教师相关信息。

④教务管理:可对服务器内部资源进行更改、删除;查看平台相关信息,删除恶意言论等。

3. 系统详细设计

(1)系统主界面。

用户可根据自己的身份登录进入不同的模块。

(2)登录界面。

选中图7.18中的某一身份按钮后进入如图7.19所示的登录界面,输入用户名和密码,新用户也可在此注册,若忘记密码,点击"忘记密码?"可进入如图7.20所示的找回密码界面,根据注册时设定的邮箱和问题答案来找回密码。

图7.18 系统登录主界面

第7章 基于Android的移动学习系统的设计与实现

图7.19 用户登录界面　　　　图7.20 找回密码界面

(3)进入移动教室。

在如图7.19所示的登录界面中输入用户名密码后点击"登录"即可进入如图7.21所示的移动教室入口界面,输入教室的名称、编号、密码,即可进入相应的移动教室。

图7.21 移动教室入口

(4)学生模块。

学生在如图 7.21 所示的界面中点击"开始学习"即可进入如图 7.22 所示的学生模块主界面。

图 7.22　学生模块主界面

①交流。在如图 7.22 所示的主界面中点击"交流",即可进入如图 7.23 所示的交流界面,在此可以看到当前有哪些同学在线。点击某一同学头像右侧的箭头,可实现一对一交流,界面如图 7.24 所示。点击群聊按钮,可进入多人交流界面,如图 7.25 所示。

②学习。在如图 7.22 所示的主界面中点击"学习",即可进入如图 7.25 所示的在线浏览界面。选择相应的章节即可进行在线学习。

③测试。在如图 7.22 所示的主界面中点击"测试",即可进入如图 7.27 所示的测试主界面。测试模块分为知识小手册、题库、收藏夹、错题回顾等 4 个功能。在如图 7.28 所示的知识小手册中,学生可以学习到相关章节的重点。在测试主界面中选择"题库"即可进入如图 7.29 所示的题型选择界面,选择题型来测试和学习。如选择填空题即可进入如图 7.30 所示的答题界面。在测试主界面中选择"收藏夹"或"错题回顾"即可进入类似如图 7.29 所示的题型选择界面,可根据不同类型的题目来分类存储,这两个功能可有效帮助学生复

习重点、难点和易错知识点。

图 7.23　交流界面　　　　图 7.24　一对一交流界面

图 7.25　多人交流界面　　　图 7.26　在线浏览界面

数据结构
知识小手册
考试题库
收藏夹
错题回顾
交流
学习
测试
提问
更多

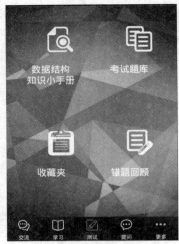

图 7.27　测试主界面

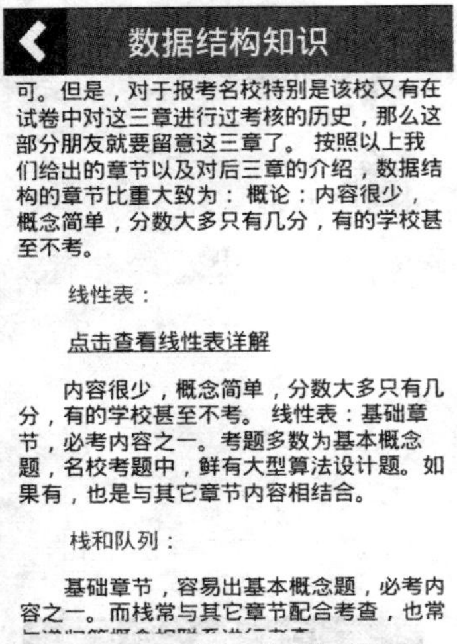

数据结构知识
可。但是，对于报考名校特别是该校又有在试卷中对这三章进行过考核的历史，那么这部分朋友就要留意这三章了。 按照以上我们给出的章节以及对后三章的介绍，数据结构的章节比重大致为：概论：内容很少，概念简单，分数大多只有几分，有的学校甚至不考。
线性表：
点击查看线性表详解
内容很少，概念简单，分数大多只有几分，有的学校甚至不考。 线性表：基础章节，必考内容之一。考题多数为基本概念题，名校考题中，鲜有大型算法设计题。如果有，也是与其它章节内容相结合。
栈和队列：
基础章节，容易出基本概念题，必考内容之一。而栈常与其它章节配合考查，也常

图 7.28　知识小手册界面

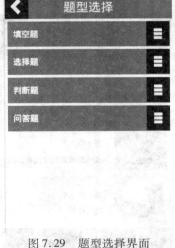

题型选择
填空题
选择题
判断题
问答题

图 7.29　题型选择界面

第1题
数据的物理结构包括 _____ 的表示和 _____ 的表示
添加收藏
查看答案
上一题
下一题

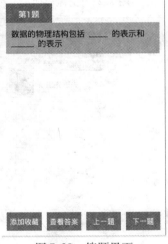

图 7.30　答题界面

④提问。在如图 7.22 所示的主界面中点击“提问”即可进入如图 7.31所示的提问主界面，在该界面中可以看到别人提出的问题和回答情况，也可以自己提出问题。选择“点击可提问”即可进入如图 7.32 所示的问题输入界面，提出自己的问题，向老师和其他同学寻求帮助。如图

7.31所示的提问主界面中黑色字是尚未回答的问题,白色字是有了答复的问题。点击黑色问题,进入如图 7.33 所示的问题回答界面即可回答别人提出的疑问。点击白色问题,进入如图 7.34 所示的补充回答界面,可以看到老师或其他同学做出的解答,点击"我要补充"可对该问题补充回答。

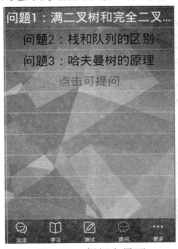

图 7.31　提问主界面

图 7.32　问题输入界面

图 7.33　问题回答界面

图 7.34　补充回答界面

⑤其他功能。在如图 7.22 所示的学生模块主界面中点击"其他"即可进入如图 7.35 所示的其他功能界面。该模块包括文件资源共享和退出移动教室。

图 7.35 其他功能界面

点击"文件资源"进入如图 7.36 所示的上传下载界面。选择"下载"可进入如图 7.37 所示的下载界面,选择自己需要的文件进行下载。在如图 7.38 所示的上传界面中可输入文件在手机中的路径,也可点击选择文件按钮来浏览手机中的所有文件,选中自己想要上传的文件,如图 7.39 所示。

(5)教师模块。教师模块中共有 4 个功能:交流、资源、答疑、开课。其中交流功能与学生模块中的交流功能相似,答疑功能与学生模块中的提问功能相对应,在此不再赘述。

①资源。交流功能中包括 4 个部分:出题、资源上传、课程设计和程序管理。教师可以在出题功能中上传相应的测试题目,为学生模块中的测试功能提供学习资源。也可在资源上传功能中上传相应的学习资源,供学生在学生模块中的资源下载功能中进行下载学习。在课程设计中,教师可提供课程进度安排、教学计划、各章节的重点难点、易错知识点等,供学生在学习模块中浏览。在资源管理功能中

教师可以对文件资源、学生所提的问题资源和学习资源进行管理,包括修改、删除等,如图 7.42 ~ 7.45 所示。

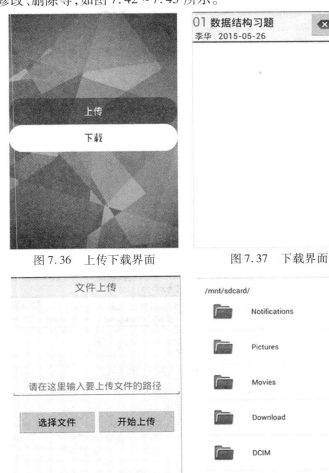

图 7.36　上传下载界面　　　　图 7.37　下载界面

图 7.38　上传界面　　　　　　图 7.39　上传路径

图 7.40　教师模块主界面

图 7.41　资源功能主界面

图 7.42　资源管理

图 7.43　文件资源管理

第 7 章 基于 Android 的移动学习系统的设计与实现

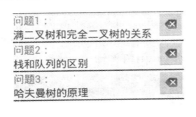
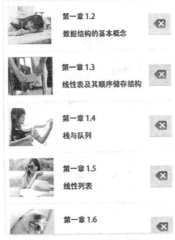

图 7.44 问题资源管理　　　　图 7.45 学习资源管理

②开课申请。在如图 7.46 所示的开课申请界面中,白色文字显示的课程是该教师已经申请完毕的课程,点击黑色文字可以继续申请课程,进入如图 7.47 所示的申请开新课界面中,添加相关开课信息。

图 7.46 开课申请界面　　　　图 7.47 申请开新课

(6)管理员模块。在如图7.48所示的管理员登录界面中输入唯一的管理员ID号和相应的密码,可进入到管理员模块。管理员模块主要功能包括审核、教师管理、教务管理、用户管理,如图7.49所示。

图7.48　管理员登录界面　　　图7.49　管理员主界面

①审核。教师提出开课申请后,在管理员模块的审核界面中可对教师提出的申请进行审核,若该门课程已有教师申请,管理员会在对相应课程资源进行比较后择优录取。管理员审核界面如图7.50所示。

②教师管理。在教师管理功能界面中(图7.51),管理员可查看移动学习平台中所有的教师信息,包括教师编号、所属单位和开设课程。点击查看按钮,可以看到此教师所开的所有课程,如图7.52所示。若该教师所提供信息已过期或不再继续在本平台担任教学工作,点击删除按钮,可删除该教师相关信息,如课程、教学资源等。

③教务管理。教务管理主要是管理员对系统各个功能进行管理,如教学资源管理、交流功能管理等。在如图7.53所示的教学资源管理界面中,管理员可对教师和学生上传的教学资源进行管理,点击删除按钮可删除已过期或不符合要求的资源。在如图7.54所示的交流功能管理界面中,管理员可对交流功能进行监控,若出现恶意

言论或与学习无关的言论，管理员点击右下角的删除键即可删除。

图 7.50　管理员审核界面

图 7.51　教师管理功能界面

图 7.52　查看课程具体信息

图 7.53　教学资源管理　　　　图 7.54　交流功能管理

④用户管理。用户管理功能主要包括用户信息查询、用户验证、删除用户等功能,如图 7.55 所示。

图 7.55　用户管理界面

在如图 7.55 所示的用户管理界面中点击用户查询即可进入如图 7.56 所示的用户列表,点击某一用户名可看到如图 7.57 所示的该用户详细信息。在用户管理界面中点击用户验证可进入如图 7.58 所示的用户验证界面,接受新注册用户的注册申请或拒绝该申请。对于在系统平台中发表恶意言论的用户,管理员可在如图 7.59 所示的删除用户界面中对该用户进行删除。

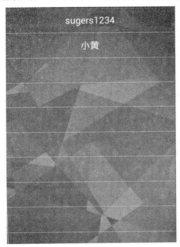

图 7.56　用户列表

图 7.57　用户详细信息

图 7.58　用户验证

图 7.59　删除用户

参考文献

[1] 邵长海.基于 Android 系统的移动学习平台设计[J].中国管理信息化,2015(9):238-240.

[2] 何燕飞,严志嘉,陈薇.基于 MOOC 理念的课程移动学习平台的设计[J].网络安全技术与应用,2015(2):7-8.

[3] 白宇宇.基于 Android 的移动学习交互平台设计[D].北京:北京交通大学,2015.

[4] 赵慧、云端一体化环境下移动学习资源的设计与研究[D].北京:北京理工大学,2015.

[5] 樊雷.基于 PhoneGap 和 jQuery Mobile 的课程群移动学习平台构建[J].软件导刊,2014(11):56-58.

[6] 刘锐.基于微课的"翻转课堂"教学模式设计和实践[J].现代教育技术,2014(5):26-32.

[7] 余胜泉.学习资源建设发展大趋势(上)[J].中国教育信息化,2014(1):3-7.

[8] 余胜泉.学习资源建设发展大趋势(下)[J].中国教育信息化,2014(3):3-6,32.

[9] 方俊宇.基于 Android 的企业移动学习软件的设计与实现[D].北京:北京交通大学,2014.

[10] 徐正涛.基于 Moodle 的中小学微课建设模式设计和实践研究[D].重庆:西南大学,2014.

[11] 侯志鑫.移动学习环境下学习资源建设模式的研究[D].北京:北京交通大学,2014.

[12] 杨帆.基于知识点的移动学习课程资源设计研究[D].成都:西南交通大学,2014.

[13] 刘廷勇.基于 iOS 的移动多媒体交互应用的研究与实现[D].

北京:北京邮电大学,2014.

[14] 王建华. Android 开发实用教程[M]. 北京:水利水电出版社,2014.

[15] 刘世珍. 基于 Android 平台学习软件开发研究与实践[D]. 大庆:东北石油大学,2013.

[16] 丁坤堂,李焕勤. 我国移动学习理论与实践研究综述[J]. 网络与信息,2010(10):25.

[17] 王建华. 移动学习理论与实践[M]. 北京:科学出版社,2009.

[18] 魏洪伟. 移动学习系统研究与实践[D]. 哈尔滨:哈尔滨师范大学,2008.

[19] 李爱民. 基于串口通信的 SMS 短消息收发管理系统的研究与实现[D]. 济南:山东大学,2005.

[20] 付卉. 移动学习系统的设计与开发[D]. 武汉:华中师范大学,2005.

[21] 周海棋. M-learning 研究综述[J]. 中国教育技术装备,2005(8):14-17.

[22] 李玉斌,刘家勋. 一种新的学习方式——移动学习[J]. 现代远距离教育,2005(1):30-33.

[23] 陆川. 基于 WML 的移动商务办公[D]. 成都:四川大学,2004.

[24] 胡鑫喆. 觉察上下文服务器的设计与实现[D]. 北京:清华大学,2004.

[25] 欧阳城添. 基于移动教育支持平台英语单词智能型泛在学习系统的研究[D]. 北京:首都师范大学,2004.

[26] 叶成林,徐福荫,许骏. 移动学习研究综述[J]. 电化教育研究,2004(3):12-19.

[27] 叶成林,徐福荫. 移动学习及其理论基础[J]. 开放教育研究,2004(3):23-26.

[28] 韩玲,满朝辉,邵文. 移动英语教学的构成、特征与评估[J]. 中国远程教育,2004(23):43-45.

[29] 朱光喜,张耀华.如何解析GSM短消息[J].通信技术,2003(3):54-56.

[30] 王晋海,刘光昌.短信息服务SMS的开发[J].计算机工程与设计,2003(7):77-79.

[31] 刘涛,张春业,韩旭东,等.基于手机模块TC35的单片机短消息收发系统[J].电子技术,2003(3):36-38.

[32] 李玉斌,杨改学.现代远程教育:基于理论的探讨[J].中国远程教育,2000(9):22-25,27.

名词索引

A
Action Learning 活动学习 2.1
AT 指令 4.2
Android 5.1

C
Contextual Learning 境脉学习理论 2.1

D
D-Learning 远程学习 1.4

E
E-Learning 数字化学习 1.4

G
GSM 网络 1.5

H
函授学习 1.4

I
Informal Learning 非正式学习 2.1

J
接触学习 1.4

经验学习理论 2.1
基于短消息的移动学习 3.2

K
KJava 3.2

P
PDU 编码 4.2

S
Situated Cognition and Learning 情境认知与学习理论 2.1
SMS(Short Message Service) 短消息服务 4.1

W
Web 技术 1.4
WML 协议 1.5

Y
移动学习 1.1,1.2
远程学习 1.4
移动设备 3.1